BLACK SWAN 黑天鹅图书

为 人 生 提 供 领 跑 世 界 的 力 量

BLACK SWAN

超强记忆

〔美〕凯文·霍斯利（Kevin Horsley）著　张丽花 译

UNLIMITED MEMORY

文化发展出版社
Cultural Development Press

图书在版编目（CIP）数据

超强记忆 / （美）凯文·霍斯利著；张丽花译.
—北京：文化发展出版社有限公司，2017.10
ISBN 978-7-5142-1946-3

Ⅰ.①超… Ⅱ.①凯… ②张… Ⅲ.①记忆术－通俗
读物 Ⅳ.①B842.3-49

中国版本图书馆CIP数据核字（2017）第238569号

版权登记号　图字01-2017-6669

超强记忆

作者：〔美〕凯文·霍斯利
译者：张丽花

责任编辑：肖润征
产品经理：周亚菲
特约编辑：王云欢
出版发行：文化发展出版社（北京市翠微路2号　邮编：100036）
网址：www.wenhuafazhan.com
经销：各地新华书店
印刷：三河市冀华印务有限公司

开本：880mm×1230mm　1/32
字数：97千字
印张：6.5
印次：2017年12月第1版　2017年12月第1次印刷
ISBN：978-7-5142-1946-3
定价：45.00元

谨以此书献给埃洛伊丝·库伯（Eloise Cooper）。

感谢你对本书做出的杰出贡献，

谢谢你在生活中给予我的鼓励和大力支持。

寄语

记忆是引领我们通往所爱之人、所为之物，还有那些我们永远也不想失去的东西的一种方式。

——《纯真年代》[1]

---

[1] *The Wonder Years*，一部美剧——译者注

目　　录　　Contents

目　　录

Contents

PART 3 持续运用

推荐序

在这本书中，凯文将给我们介绍一些高效记忆的方法，这些方法将会永远改变你的生活。我之所以如此自信，是因为我已经学过，并在自己的生活中付诸实践。我相信这些方法可以改变你生活的诸多方面，因此非常荣幸能为这部杰出的作品尽一些绵薄之力。

当我还是医学院的学生时，我并不知道这些方法。我的成绩平平，需要耗费大量的时间学习各种知识，并费力地去理解。问题并不在于我是否真的理解了，而是我本来可以更高效地学习来获得好成绩。我在接受专科医生培训时，第一次接触了凯文的方法，它彻底改变了我的学习方法和处理信息的方式，我还额外获得了全优的成绩。仅凭这点，我就对本书的作者钦佩有加。我并没有突然变成所谓的"聪明人"，而只是决定去改变对记忆的陈旧观念。在拥有了全新的思考框架和明确的学习目的之后，我挖掘了自身前所未有的潜能。

当我意识到这些方法对我的学业所产生的巨大影响之后，我开始把它们运用到日常生活中。这是多么美妙的一段旅程啊！这种体验远不止学会处理信息这么简单，它极大地提升了我的自信，并且带给我的影响并不仅限于某个领域，而是涵盖了生活的方方面面。

我非常荣幸地认识了凯文本人，并看到他把生活中显而易见的例子写入书中。这对我而言是莫大的动力。

在经过多年的研究、体验和获得成就后，凯文用通俗易懂、可操作的方式给我们分享了一些可以改变我们生活的记忆方法。当你决定采用这些方法，并纳为己用后，将会释放

出无穷的潜能。这些方法不仅能提高你的记忆力，更能让你

的生活变得更加美好。

——马里乌斯·A. 韦尔奇姆德博士

（Marius A. Welgemoed）

绪言

当你意识到自己可以学会所需要的一切东西，从而实现设定的任何目标时，你的人生将会获得巨大的突破。这就意味着你能做什么、能拥有什么么、能成为什么样的人，均不受限。

——博恩·崔西（Brian Tracy）

不妨设想一下，如果你可以轻松、快速、有效地学习并记住信息，你的生活将会怎样?

在这本简短易读的书里，我将提供一整套有效提高记忆力的思维方式和技巧，让你能够轻松掌控自己的学习和生活。你会发现很多神奇的方法，这些方法贯通古今，融合了世界上**快速学习和记忆发展**两大领域中最优秀的思想。本书提供的内容都是在学校里从未教过的。我相信，只有熟悉记忆的基本原理，才有可能让你的大脑真正运转起来。

想象一下，如果你出生的时候没有丝毫记忆，你会是什么样子？你什么都不是。如果没有记忆，你就是一具空壳。如果我问："你是谁？"你会马上开始从大脑里调动已有的记忆来回答这个问题。你的记忆好比胶水，把你的生活片段都粘在一起，而你今天的一切正是由过往的那些精彩回忆构成的。你好比一个数据收集器，你的记忆就是生命走过的轨迹。如果没有记忆，你将无法学习和思考；没有智力和创造力，你甚至连系鞋带都不会。你无法在任何领域拥有经历，因为经历终究只是记忆的总和！**只有记住信息，你才算经历过。**

在过去的几年中，记忆并不是一个什么好词，它通常和死记硬背、填鸭式的学习联系在一起。教育学家曾说过，理解是学习的关键。但是，如果你没有记住内容，又如何谈得上理解呢？我们都有过这样的经历：我们可以识别和理解信息，但是需要的时候却想不起来了。举个例子：你现在知道多少个笑话？极有可能你听过几千个，但现在顶多想起来四五个而已。在记住四个笑话和理解几千个笑话之间，有着巨大的差距。理解并不代表能够运用——只有马上记住理解过的内容，并且练习使用它们，你才算掌握了。记忆就是把你所学的东西储存起来，否则我们为什么一开始就要费劲儿去学呢？

有些人会说，在可以用网络搜索的年代，你根本不需要好记性，但肯·詹宁斯（Ken Jennings）说过："当你做一个决定的时候，需要找一些事实作为判断依据，如果这些事实都在你的大脑里，就可以马上获取；而如果它们存在网络的某个角落，需要通过搜索才能获得，你就无法在瞬间做出正确的决定。"

那么问题来了，你会因为一个人的搜索能力强而雇用他／她吗？肯定不会——你需要这个人对各类信息了如指掌，有丰富的经验，并且充满自信，对自己知道的内容非常确定。如果你不把信息储存在大脑里，可能会造成严重后果。例如导致尴尬的局面发生，或者出现判断失误的情况。如果在工作中你需要不停地查阅笔记或者说明书，就会浪费大量的时间，并且这样看起来很不专业。举个例子，你更乐意从谁的手里购买产品呢，是从忘记你名字的人那里，还是从记住你名字的人那里？你会允许一位医生在给你动手术的时，还不停地查看操作指南或者平板电脑吗？绝对不会！**记忆是我们生活的基石，它决定了我们的决策水平，从而决定了我们的整个人生！**

　　学习和记忆是人类大脑中最神奇的两个特质。学习是获取新信息的能力，而记忆是在学习完后把信息储存在合适的位置上。记忆是所有学习的基础，如果记忆方法不当，你做的只不过是把信息扔进一个深坑，从此再不使用。问题是很多人根本不会去回顾所学的内容，他们总是不停地在学习和忘记之间来回折腾，学了又忘，忘了又学……

　　当你的记忆力提高了，其他事情也会相应得到改善。你可以通过使用更多的关联和联想来记忆，从而更加轻松、快速地获取信息。你合理储存在大脑里的事实和记忆越多，你做出独特的组合和关联的潜力就越大。记忆力的提高还可以增强智力，因为智力是建立在所有你能回想起的事情、人物和事实上的。你记住得越多，创造出和做出的事情就越多，因为我们需要先获取实际的知识，然后才能提升技能。**新信息是建立在更多原有信息的基础上的，所以你知道得越多，就越容易获取更多。**

　　现在，面对记忆你有两个选择。第一个是：记忆力无法提高，你对这项与生俱来的能力只能听天由命。很多人在生活中选择了这一项，因为在几千个小时的学校教育中，从来没有提过人类的记忆力有多么神奇，也没告诉过我们如何来提高自己的记忆力。

在我8岁的时候，学校的一位心理医生对我的大脑提出了一点建议。他说我的大脑可能受过损伤，想把我送到一个特殊的班级里。我是一名典型的阅读障碍症患者：我天生记忆力就不好，并且无法保持专注，阅读和写作对我来说一直是个挑战。在上学期间，我的学习方式就是让妈妈和朋友把教学大纲读给我听。我强迫自己去背诵大纲和不懂的知识，但是其中的大部分内容我都无法理解。我前途渺茫，因为我根本掌握不了学校里教授的内容。在12年的中小学时光中，我根本无法靠自己完整地读完一本书。到毕业那年，我的阅读水平并没有比一年级的时候长进多少。长话短说，1989年我终究还是高中毕业了。

几年后，我路过一家当地的书店，从此生活发生了改变。在那一刻之前，我还无法完整地读完一本书，但是当天晚上我决定买三本来读。这三本书的作者都是东尼·博赞（Tony Buzan），第一本叫《启动大脑》（*Use Your Head*），其他两本分别是《启动记忆》（*Use Your Memory*）和《快速阅读》（*The Speed Reading Book*）。本来我打算先看《快速阅读》，学会快速阅读的技巧后，就可以迅速读完另外两本了，但这个方法并不见效。于是我开始读《启动记忆》，然后发现面对记忆力其实我们还有另一种选择，那就是：**记忆只是一种习惯，习惯是可以通过正确的训练和练习得到改善的。**提高记忆力有几个基本原理，如果我们在记忆时遵循这些原理，就会获得和记忆大师一样的惊人效果。

我开始研究心理学，以及当时能接触到的与大脑、思维、记忆领域相关的一切信息。我研究了几百本书籍和磁带，还采访了拥有超强记忆力的一群人。在这段漫长的旅程中，我战胜了所有的阅读障碍，并使自己的阅读和吸收能力达到了一个新的高度：平均每周读4本书，并且可以在1个小时内学会普通人需要数月才能掌握的内容。

1995年，我决定参加世界记忆力锦标赛。这项赛事吸引了全世界最优秀的记忆大师，它将测试记忆的各个方面。那一年我获得了第5名的成绩，并在拼写比赛中获得了第2名，这证明我已经完全战胜了阅读障碍。我还被人脑基金会（Brain Trust）授予了"世界记忆大师"的称号。1995年10月26日，授予仪式在汉伯瑞庄园（位于英格兰赫特福德郡的威尔镇）举行，列支敦士登的菲利普王子为我颁发了头衔。这对于过去有阅读障碍、出身平凡的我来说可谓巨大的成就。从那天开始，我知道自己的人生轨迹已经转向，与以往截然不同了。

1999年，当我打破了号称"记忆巅峰测试"（The Everest of Memory Tests）的世界纪录时，我决定挑战自己，参加更多的能力测试。我背诵了圆周率小数点后面的10000位数字——圆周率已经被证明是无限不循环小数。在比赛中，这10000位数字被分成2000组，每组5个，测试人员随机叫到其中的一组，我得说出这组前后的两组5个数字分别是什么。这个过程会提问50组的数字，根据选手全部完成的时间来确定世界纪录，最终我打破了世界纪录，而且比之前的纪录快了整整14分钟。或许你会问我为什么要这么做，主要是因为人们说这是不可能做到的，而我生命的意义在于：打破限制，展示给人们看，我们的记忆力是多么强大。

从那时候开始，我就一直培训、教授和训练人们记忆生活中所需的重要信息，让所有人都能享受学习的乐趣。很多人会说我拥有照相机般的记忆力，但事实并非如此，我只是发现了很多关于记忆的"秘密"，把它们用起来，并融会贯通。

　　我说这些并不是在吹嘘自己有多厉害，而是希望你记住一个观点：每个人都有潜能去掌控自己的记忆力。你的过去并不重要，重要的是你的未来。如果你一直重复原来做过的事情，那么你得到的只能和过去相同，你需要做一些改变才能有不一样的收获。因此我想告诫大家：**想要掌控记忆力，你得有不一样的思考方式。**

　　请勿对这本书吹毛求疵，只需从中寻找对自己有用的价值即可。当你评头论足时，就已经停止了学习的脚步。你可以评价甚至批评书中提到的记忆方法，也可以尝试别的途径来学习。但是我向你保证，如果你不试着运用这些方法，就不会获得和记忆大师一样的效果。在这本书中，我所分享的方法和记忆大师使用的方法是一样的，希望你用开放的心态进行阅读，我确信你从中学到的每件事情都有效，并且是非常有效。

　　本书一共分为三个部分，包括了**提高记忆力的四个关键点（4C）**。第一部分是关于如何提升你的专注度（Concentrate）；第二部分是关于如何生成图像（Create imagery），并让图像和需要记忆的信息之间建立关联（Connect）；第三部分是养成习惯，持续运用（Continuous use）这些方法。这四个关键点可以解决现在或者将来你可能会碰到的任何记忆问题。书中的一些例子来自我的个人经历和一些商业书籍，所以你不仅可以学会如何提高记忆力，还可以学到一些重要观点，并把它们运用到个人发展中。

我会教你如何把枯燥的信息转化为有条理的真实事物，换句话说，意味着信息是富有意义的，它们应该被利用起来而不是被丢弃。这并不是死记硬背，而是采用不同的储存信息的方式获得神奇的记忆效果。我们的目标是**提高学习和理解能力**。

市面上的很多书籍通常开篇讲一大堆还没进入正题，而这本书有所不同，它将直奔主题，帮你节省大量的时间和精力。我的目标是用自己期待别人教我的方式，向你展示记忆力提高后的美妙世界。不要只是阅读，而应该切实把书中的观点用起来，并变成自己思维和生活的一部分。如果你准备好了，那就请翻开第一部分的内容，释放出你记忆的能量吧！

PART 1

保持专注

关于专注，我听过的最佳建议是：专注当下。

——吉姆·罗恩（Jim Rohn）

不要寻找借口

如果你想要与老鹰一起飞翔，就绝不要和火鸡一起爬。

——齐格·齐格勒（Zig Ziglar）

在我们开始阅读这本书之前，先问问自己：你会找什么借口不去读完它呢？

如果你决定读完，再问问自己：你会找什么借口不使用书中传授的知识呢？我知道你还不清楚自己会从中学到什么，但是你还是会把这些借口列出来对吗？花点时间仔细想想自己会找什么样的理由，然后把它们写下来。

每一次你都会用相同的借口来阻碍自己学习新事物。如果你总是给自己寻找借口，那就永远不可能成功，这两者无法兼得。学习速度快的人总是会把注意力放在重要的信息和事情上——而借口并不是什么重要的事情，它们是思想上的病毒。

生活中阻止我们得到渴望的东西的唯一障碍，便是我们不断给自己找的借口。如果没有这些借口，你会成为什么样的人？请好好想一下。

你找的每一个借口都会让自己变得更弱，注意力无法集中，因为当你找借口不想学习的时候，也就限制了注意力和能量的发挥。请牢记：**你的注意力在哪里，能量就在哪里。**

以下是一些最常见的借口：

1. 我很无助

我不够聪明。

这不是我的天性。

我没时间练习学过的内容。（时间一直都有，你只需安排得当。）

我没有良好的记忆基因。（你真的确定吗？）

年纪越来越大了，我对自己的记忆力无能为力。

老狗学不了新把戏。（令人欣慰的是，你并不是一条狗！）

2. 推卸责任

我的父母总是说我笨。

我学习这些技巧需要别人的支持才行。

我学得不好是书的问题，得参加课程去体验。

如果不把责任推卸到他人或者其他事物上，就不会产生负面情绪，所以请放松你的大脑。你的生活和经历总是有两个选择：要么从中学会新东西，要么推卸责任，而选择权在你自己的手里。

3. 压力太大

有太多东西要学了。

我得改变下自己的思考方式。

这本书要求太多了。

这个难度很大。

我们总是会为自己平庸的生活寻找借口，解释为什么这个做不到、那个做不到，或者逃避责任。现在就决定，不要再因为借口而损耗自己的能量了。

你的借口都是真的吗？你百分之百确定吗？它们能让你的生活变得更好，增强你的能量吗？其实你自己比借口要强大得多，不是吗？

现在就扔掉你的借口吧！

理查德·巴赫（Richard Bach）说过："如果你认为自己有局限，那你就真的有了这些局限。"如果不能把书中讲的内容用起来，那唯一原因就在于你自己，而不是他人。你要为自己的学习负责，你决定了自己的现状！**如果相信自己有局限，那么你的人生就会非常受限。**

提高记忆力和注意力不仅需要做加法，还需要做减法。当你决定扔掉借口、评判和抱怨时，学习速度会大大加快，这简直太神奇了。如果你在学习的过程中不断调整方法，提高对学习的渴望程度，你就一定能够掌握它。

现在就行动

（1）如果你还保留借口，那么试想五年后你的生活将会是什么样？

（2）如果没有借口，你会成为一个什么样的人？带着这种全新的思维开始学习吧。

（3）记住这只是借口，而不是事实，现在就去改变这些借口。

（4）这两件事情对你来说哪件更重要：找借口不去挖掘自身的潜能还是成为最好的自己？

（5）为什么提高记忆力对你那么重要？仔细思考一下，然后尽可能写下所有的原因，你会找到内心的动力，正如戴伦·哈迪（Darren Hardy）所说的："我们需要的是驱动力，而不是意志力。"

不要相信谎言

想法就是极限，只要你能想到，就能做到——前
提是你要百分之百确定。

——阿诺德·施瓦辛格

（Arnold Schwarzenegger）

　　从前，池塘里有一条鱼。有一天，它碰到了另外一条鱼，这条鱼曾经在海里待过。于是池塘里的鱼问道："海是什么样子的？"海里来的鱼说："海里有很多很多水，比你的池塘要大一万倍。"池塘里的鱼就再也不和海里来的鱼说话了，因为它觉得对方在说谎。

　　从这个故事里，我们能学到什么呢？

　　你对自己的注意力和记忆力所持有的信念，可能就是现实生活中能达到的极限。很多人从来没有体会过自己真正的潜能，因为他们还不够确信自己究竟能够做成什么事情。

　　如果你对自己的注意力、记忆力和潜能的消极看法都不是真的，你会怎么办？没有这些负面信念，你会成为一个什么样的人？

　　理查德·班德勒（Richard Bandler）说：

　　"信念并不是事实，信念和你是否相信有关，它们是我们行为的指导。"

　　我们总是捍卫自己相信的东西，如果你相信自己记忆力很差，就会一直按照这个标准来行动和思考。你的注意力在哪里，能量就在哪里。想要提高自己的记忆力和注意力，就需要建立一个信念系统来支撑它。

想象宇宙中有两个星球：一号地球和二号地球。这两个星球一模一样，只是位于不同的宇宙空间。

A先生住在一号地球，B先生住在二号地球。

他们长相一样，说话方式一样，生活环境也一样，甚至连大脑和神经系统都发育得一样。一切都一模一样，只有一件事情能把他们区分开来。

A先生觉得自己的记忆力烂透了，他总是对别人说：

"我的注意力四处发散，好像有一只袋鼠在我大脑里乱跳。"

"我总是忘事儿。"

"我记不住人名。"

"我的记性越来越差了。"

"我的脑子已经被塞满了。"

"我的记忆力跟漏勺似的。"

"我很笨。"

"你的大脑会被塞满的，所以不要学那么多东西。"

A先生讨厌学习，对记忆丝毫不感兴趣，因为他认为反正会忘记掉，还不如不记。

B先生认为自己记忆力很好，事实上他认为自己拥有无与伦比的记忆力。他总是说：

"我会保持注意力集中，让它像激光一样聚焦。"

"提高记忆力很重要。"

"看看我记住了多少，我的大脑有几万亿的储存量。"

"我的记忆力每天都变得越来越好。"

"我对记住人名很感兴趣。"

"我太厉害了。"

"我的记忆力能够储存和回想海量的信息。只有大脑才有这个特征：我放进去的越多，装下的越多。"

B先生热爱学习，他喜欢记忆和训练自己的大脑。

现在，你觉得谁拥有更好的记忆力？当然是B先生。

A先生和B先生的唯一区别就是他们各自的信念，你认为谁对呢？

答案是：他们都对。决定事情对错的是我们的思考方式，A先生和B先生都拥有自己的信念，并有相应的经历和想法加以佐证。唯一的区别在于：A先生把注意力放在消极的事物上，他把自己设置为失败模式；B先生把注意力放在积极的事物上，他把自己设置为成功模式。

A先生和B先生都选择了各自的信念，所以决定结果的并非外在的影响，而是我们内在的想法。我们都可以自由选择关注什么，最终这个关注点会决定我们将持有什么样的信念。

信念是一种笃定的感觉，你相信什么，就会成为什么。

负面的信念会给你的注意力和记忆力设置障碍，除非你决定承担责任，改变原有的一贯想法，否则你会一直被困在其中。我们的每个想法都富有创造力，它有能量去建立，也有能量去破坏这一切。

大多数人并没有意识到，当他们使用怀疑的字眼时，其实已经设定了自己信念的标准，这些标准就是他们期待成为的样子，最终这份信念会成为自证预言（Self-fulfilling Prophecies，自己相信什么就变成了什么）。

接下来是一个采用负面信念的例子。

受限的信念就像一个怪圈，会让你深陷其中，阻止你学习任何新事物。信念要么推动你，要么阻碍你。简单地说，每一个想法和字眼都可以起到正面或者负面的作用，任何一个你认为是对的想法都会被成倍放大，并变成一个信念。当

因为： 1.我记不住人名

2.这已经是最好的方法了

4.为什么不……

3.这对我没用

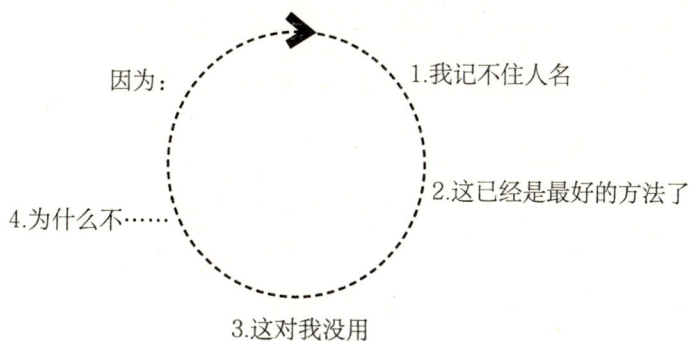

你改变一个信念时，其实改变的是心理构造，进而生活也相应被影响和改变了。或者说，我们相信的内容，都是别人教育我们应该去相信的，我们不会质疑信念，因为不想质疑它的源头。现在开始问自己：如果要改变关于思维、注意力、记忆力方面的信念，我该质疑谁呢？为什么我认为自己的信念是对的？

人们总是倾向于认为自己的信念绝对正确，但这只是对他们自己而言。你做不好的事情不代表别人也做不好。请明确你受限的信念，然后问自己：如果这些信念压根儿就不对呢？请记住：信念的局限性总会阻碍你看到其他可能性的存在，而这本该是显而易见的。

如果你选择改变自己的信念，可以做以下这些事情：

首先，80%的改变与你的初衷有关，仅有20%是关于具体如何改变的内容。承担起你的责任，改变信念就像找一个理由、做一个决定那么简单。

其次，质疑信念。有些事情你之前深信不疑，但现在不再相信了，为什么呢？因为你开始产生了怀疑。比如：很久以前，有位老师告诉你，你的记忆力很差，这并不意味着你一直要把此话当真。那时候你还年轻，资历尚浅，没有能力去质疑权威。现在随着年岁渐长，你拥有了自己的优势，可以质疑老师对你年少时的判断。问问自己：如果我还持有原来的信念会有什么代价？我一定要持有这份信念吗？这份信念是否正确？我能百分之百确定它是正确的吗？

再次，树立一份新的信念，并根据自己的经历、研究和想法去确认。当你改变了自己的信念时，你将体会到自身更大的潜能，从而创造新的可能性。

最后，经常使用新的信念，让它成为你自身的一部分。

你的信念不过是自己认可属实的故事，决定去改变故事本身即可。

斯宾塞·罗德（Spenser Lord）曾说过："信念不是文身，它更像衣服，你可以按照自己的意愿穿上或脱掉它。"

这里我向大家分享五个核心信念，你马上就可以"穿上"：

1. 我天生拥有无与伦比的注意力和记忆力

你已经是自己想要成为的那个人。麦克斯威尔·马尔茨（Maxwell Maltz）说："因为缺乏内在的才华和能力而无法获得成就，这种想法一分钟都不能容忍。这是一个最大的谎言、一种最悲伤的借口。"你并不需要额外弥补什么，例如特殊的才华或者一粒灵药，才能去拥有超强的注意力和记忆力。你所需要的不过是对学习的渴望、一个好方法和自律的态度。

2. 提高记忆力很重要

成功人士相信他们正在做的事情很重要，并且值得这么做。人们拥有了这份信念之后，就会从单纯的感兴趣上升到为此付出努力。想想看，如果你在没有记忆力的情况下生活一个星期会怎么样。你根本无法做任何事情。你所做的、说的、理解的每一件事情都和记忆有关，这是你大脑最重要的功能，如果记忆力提高了，你的生活也会变得更好。

3. 我拥有不可思议的能力，我的记忆力是无限的

想想看，你的记忆中储存了多少数据（各种数字、故事、笑话、经历、文字、名字和地点）。再想想看，光一段谈话就需要我们拥有超强的记忆力。你需要倾听，并给刚刚听到的内容赋予意义，然后从记忆中搜索到相关的信息，向对方做出回应。**即使是把现在所有的电脑连接起来也无法达到这样的成就**。一旦你学会了记忆方法，就会看到自己不可思议的能力。

4. 世界上没有失败，只有反馈

把事情做对可以提高记忆力。增强信念最好的方式之一就是问自己：我的记忆力是如何为我自己服务的——今天它做得如何？通常来说，人们只关注自己记不住的内容，这样反而使记忆力更差了。把注意力放在自己的强项上，如果外在的反馈或者结果不是你想要的，可以调整一下方式。

5. 对一件事情我不需要全部了解

如果了解一件事情就得知道其中所有的细节，这并不是一个好方法，因为这样你就没有精力学习其他新事物了。倾

听并对他人的观点感兴趣，与拥抱新事物一样去接受变化。允许信息自己来找你，开放所有的渠道来迎接它们。

现在就决定，你只吸收对自己有利的信息。尽可能多地采纳和尝试积极的信念，并把它们用起来，见证自己的生活向一个全新的方向迈进。

现在就行动

（1）明确自我受限的一些信念。

（2）质疑这些信念，并问自己：这是因为我天生**无法**提高自己的注意力和记忆力，还是因为我**不想**把时间花在这上面？

（3）你还持有哪些与思维和潜能相关的信念？

（4）记住吉姆·罗恩（Jim Rohn）说的这句话：如果你不喜欢现状，那就去改变它！你不是一棵树，你是一个人！

保持专注

把你所有的想法集中在手头的任务上。太阳光不聚焦就不会燃烧。

——亚历山大·格拉汉姆·贝尔

（Alexander Graham Bell）

　　我们都拥有天赋，即天生具有能力去思考我们的想法。你可以把自己的想法集中于改善生活的方方面面；你可以自己决定关注什么；也可以让自己的注意力一直被外界环境所干扰；或者，你现在就决定去引导它。

　　很多人认为，拥有超强注意力是一种神奇的状态，是少数幸运儿天生的特质。但事实并非如此。比方说，你同意健壮的肱二头肌是天生的吗？当然不，因为我们都知道，在健身房进行长时间的训练就可以达到这个效果。人们总认为注意力要么天生就有，要么一直没有，其实注意力和生活中的其他事情一样，都需要通过练习才能拥有。

注意力是通过持续练习做微小的选择来获得的。人类对大脑的研究表明，如果我们学习新事物，大脑组织也会发生相应的改变。注意力不够集中的人群还处在"大脑不能改变"的模式当中。既然我们知道注意力可以改善，也应该去改善，那现在就尽全力去降伏这只"大脑里上蹿下跳的猴子"，找回属于自己的能量吧！

这是普通人日常生活中训练注意力的方式：通常，他们早上不是自然醒来，而是被大声的歌曲或者刺耳的闹钟叫醒。他们查看手机里的每一条消息，只想知道是否有人在挂念自己。然后他们起床去洗澡，洗澡的时候开始思考今天要操心或者处理的一大堆事情。不过时间还是很仓促，他们只能匆忙地吃一顿不健康的早餐，胡乱喝一杯咖啡。上车后，他们打开电台，然后开始通电话，甚至试图在开车途中发短信。他们开始变得烦躁、抱怨交通状况。虽然堵车是明摆着的事实，对此无能为力，但他们还是认为应该有所改变。事实上，我们一直在操心和关注目前尚不能解决的一大堆外在的事物，任由自己的注意力四处发散。

把你的注意力想象成一名奥运会选手，你的"运动员"竞争力强吗？我们无法很好地专注是因为没有去训练它。我们总是不断地改变想法，却从未在某个想法上有足够的时间停下来思考。如今我们几乎对每件事情都三心二意，活在"忙碌"的假象中，认为"忙碌"就等同于事情做得不错。其实忙碌有时候只是拖延的伪装，会让自己感觉良好，而误认为很有成效。而当我们一天结束进行回顾的时候，才意识到自己根本没做什么有价值的事情。我们正在训练自己持续走神，让注意力涣散。

训练注意力并没有那么难。你只需学会心态平和，找到专注的时间点。你还得学会活在当下：工作的时候就专心工作，在家的时候就好好享受在家的状态。毕达哥拉斯（Pythagoras）是这样说的："学习沉默。让你平静的心灵倾听他人、汲取知识。"

我们的大脑里充满了各种干扰，这会让我们远离当下。你是否出现过这种情况：和家人吵架之后，你一整天都无法专心工作？这些干扰会让我们思绪混乱。**干扰就是专注的对立面。**

当你心态平和，享受当下的时候，你的想法会像激光一样聚焦。平和与专注是一个道理。

你需要关注这四个方面来排除干扰，营造平和的心态：

1. 掌控你内在的声音

你的大脑里是否有个小小的声音在和你对话？如果不确定，那么你现在很有可能就在问自己：我大脑里是否有个小小的声音？其实我们都有，它对我们的注意力和生活有着巨大的影响。其实，你一直在和自己对话，但唯一的问题是，你会老盯着自己做错的地方。**现在开始，通过关注做对的事情来找回记忆力。**

今天你关注哪些方面了？你是如何做的？你在生活的哪些方面需要停止"打击"自己？

你内在的声音会引导你变得更好或者更差，所以需要好好引导。你关注的内容可以帮助你解释和理解这个世界，因而不要理会错误的声音。自怨自艾和各种干扰都只是你自己的想法或者内在错误的声音带来的，但这种想法并不是一成不变的，去改变它就好。请记住：如果你给自己的引导不当，坏事就会发生。

2.停止多任务操作

多任务操作会破坏当下的专注，让我们远离平和的心态。多任务操作只是一个神话而已！

如果你观察一头母狮在荒野里捕食，就会发现它只盯着一头角马，因为它知道同时追捕到两头角马的胜算并不大。它的想法单一，全力以赴去捕捉目标。在马戏团训练狮子的时候，人们会在它前方放一张椅子来控制其行为：椅子有四条腿，这样狮子的注意力就会被分散，进入一种催眠状态。我们人类也是一样的：同一段时间内只能关注一件事情，不可能同时关注两件。当你进行多任务操作的时候，实际上是在多个任务之间不停地来回切换，对每一件事情都无法全情投入，因而效率低下。我们一次只能做好一件事情，多任务操作已经成为最具破坏力的神话之一。

我们其实一直在放任自己的注意力，很多人已经无法保持长时间的专注。我听说普通人一天大约要看50次手机，我们要查看邮件、浏览新闻、登录脸书（Facebook）和推特（Twitter）等，而这些时间本该是用来陪伴家人或者联络朋友的。我们甚至在开车的时候打电话，这会导致你踩刹车的反应速度慢0.5秒。如果以每小时112公里的速度行驶，0.5秒意味着你已经开出了15.6米远……这个距离足以酿成很多悲剧。如果你开车走神，发生车祸的概率会提高9倍。其实手机电话响了并不需要马上去接，因为我们还有语音信箱功能来代替！

神经科学顾问玛丽莲·斯宾格（Marilee Springer）认为："多任务操作实际上是让我们降低了50%的效率，并且增加了50%的错误率。"这就好比让大脑吸毒，感觉很好却后患无穷。有大量的研究表明，多任务操作会降低工作效率，减少创造力，还会导致人们做出错误的决定。

我们再也无法让自己坐享当下。布莱兹·帕斯卡（Blaise Pascal）说过："人类的一切不幸都源于无法平静地独处一室。"我们一上车就**得**打开电台，一回家就**得**打开电视。看电视也只是在各个频道之间快速切换，连看完广告的耐心都没有。我们的大脑充满了各种干扰，大部分人都任由自己的注意力涣散，只有极少数人可以引导好它。**缺乏注意力引导**才是问题的关键。

不要再不停地变换想法来干扰自己了，回到一次只做一件事的习惯上来，提升思维能力，重新挖掘持续任务操作的价值，而不是降低质量同时进行多个任务。杰出的工作总是和多个高度专注的时间段有关，零散的努力无法做出优秀的事情。你的注意力在哪里，能量就在哪里。

3. 知道自己要什么

当人们处理信息的时候，其实从来不知道自己要从中获取什么，因为他们没有引导自己的想法。我们可以采用PIC记忆法则，以更好地参与并融入信息当中：

P——目的（Purpose）：拥有一个清晰的目的非常重要，目的越清晰，阻碍就越少。要牢牢记住自己为什么要阅读或者学习，把目的刻在脑门上。如果不知道自己要什么，又怎么会知道什么时候能完成呢？带着目的的学习可以提高注意力、理解力、记忆力和表达能力。你的目的越明确，获得的信息就越多。一个模糊的目的是这样的：我想从这本书中学到更多关于记忆的知识；而一个明确的目的是这样的：我想学会至少6个重要方法来提高记忆力。要集中注意力去获取你能用得上的信息，然后去实践。就如大卫·艾伦（David Allen）所说："如果你不确定为什么要做这件事情，就无法全力以赴。"

I——兴趣（Interest）：你感兴趣的程度决定了注意力的方向，从而决定了自己的专注度。没有兴趣就不可能记住所读的内容。如果列一张兴趣列表，最上方的几件事情会让我们思维活跃、促使自己去做，这也正是我们的关注点，而对排在列表下方的事情我们则会犹豫和拖延。

当你对某个主题感兴趣的时候，你能记住海量的信息。这是一种下意识的感觉，你的注意力会高度集中，而缺乏注意力多半是因为兴趣不够。**你的想法从不会迷失，它只是朝着更有趣和更引人注意的方向去了而已。**

我们都知道兴趣有助于提高注意力，但是如何对"无聊"的信息感兴趣呢？第一步是发现你的兴趣点，然后找到与新信息之间的联系。

举个例子：我喜欢做培训和分享知识给别人，我读任何东西都去寻找与此相关的信息。当我通过兴趣这个"过滤器"来阅读或者收听的时候，就会集中注意力，保持专注。我总是问自己这样一些问题：这个和培训有关吗？它如何能让我的生活变得更好？这些信息只有少数人才知道吗？这对我的未来有帮助吗？这份材料该如何帮助我达到目标呢?

换句话说,所有"无聊"的信息在正确的心智模式下都可以变得更加有趣。G.K.切斯特顿(Gilbert Keith Chesterton)说过:"天下没有无趣的事情,只有不感兴趣的人。"所以去培养自己的兴趣吧!

C——好奇心(Curiosity):提问是培养好奇心的好办法。

在你开始阅读或者学习任何事物之前,问自己几个动机性问题。大多数人问的问题都无法促使自己行动起来,他们看着书,会说:"我为什么非得读这本书呢?要读的东西太多了。这看起来好无聊。"如果你问这种问题,又怎么能用心去学习呢?你需要问一些调动积极性的问题,让自己参与其中。比如,问问自己:当下这些信息和我的生活是否相关,并且可以马上用起来?这个信息如何能帮助我达到目标?我如何用它来提升工作效率?这对我有何帮助?这个信息如何让我更有价值?

要对自己的想法和思考方式保持一颗好奇心。托尼·罗宾斯(Tony Robbins)说过:"如果你想治愈无聊,那就保持好奇心吧。如果你有一颗好奇心,没有事情会令人厌倦，你会自发地想要学习。培养自己的好奇心，生活将会是一场没有终点的充满快乐的学习。"

4. 不要瞎担心

想象有一天早上你醒来，没有任何需要担心的事情。这会是什么感觉？你会心平气和，没有很多乱七八糟的想法，也不会有焦虑的情绪。

想象自己醒来后不必疲于奔命，不必掌控他人的行为，不会妄图用自己的想法来左右管理者的决策，不会轻信近日那些耸人听闻的谣言。

拜伦·凯蒂（Byron Katie）说过："在这个世界上我只发现三类事情：你的、我的和上帝的，你在做谁的事情呢？"当你决定只关注自己的想法和事情的时候，会轻松很多。把你一连串的想法简化，并与之和平相处，生活也就变得更加简单；而如果使用了错误的思考方式担心太多别的事物，你就会感到痛苦。今天你尝试用自己的想法来掌控多少人和事了呢？请只关注自己的想法，享受如激光一般聚焦而清晰的思维带来的力量。

你担心并不是因为真的在乎，而是因为你一直习惯这么做。担心是一个非常有创造力的心理过程。这种状态是由大脑里的各种问题带来的，如果老问自己"如果"之类的问题，就把想法设置成了担心模式。你会不停地问自己：如果我丢了工作该怎么办？如果我车子撞了该怎么办？如果犯罪分子袭击我该怎么办……所有这些"如果"在你脑海里生成了一部电影，把不同的情节套在一起，让你非常担心。不妨换个方式来问：如果我丢了工作该如何处理？如果我车子撞了该如何处理？这些问题生成的电影并不会让你担心，因为它在引导你的大脑去思考具体的行动步骤。为不同的情节设置一套解决的流程，然后和自己的想法和平共处吧。

学会练习保持平和的心态，因为没有注意力就没有记忆力。

大部分人总是在情绪的两个极端之间来回波动，而注意力是指学会如何专注某一点。当你专注于自身的能量，就可以达到一切目标。把你的想法想象成一支手电筒，大部分人会随意乱晃四处照，而你要让自己的手电筒保持不动，然后彻底照亮某一处。没有什么外在的事物可以让你集中注意力，只有内在的想法才可以。

今天你需要做一个决定：你是否想提高注意力？这完全取决于你自己。因此请扔掉借口，清除杂念，专注当下吧！

PART 2

创造力和关联能力

当你训练自己的创造力时，就是在无意识地训练记忆力。而当你训练自己的记忆力时，也是在无意识地训练创造力！

——东尼·博赞（Tony Buzan）

图像记忆法

你的大脑是最好的家庭影院。

——马克·维克多·汉森

（Mark Victor Hansen）

许多人梦想拥有照相机般的记忆力，他们把这种记忆力形容为：毫不费力地在大脑里对信息进行快速拍照，然后通过回想来了解具体细节。如果真是这样，你的大脑就像一台照相机，对任何需要知道的事情进行拍照即可。但事实并非如此，所有完美的记忆都需要有意识地做努力，照相机般的记忆力只是一个神话。

记忆是一个创造过程，而不是拍照过程。许多所谓拥有照相机般记忆力的人只是使用了本书提到的这些方法，并达到了一定水准而已。如果你把这些方法运用到生活中，也可以挖掘出记忆方面的潜能。完美记忆是一种可以后天习得的技能，而不是与生俱来的天赋。

你是否有过这样的经历：你正在考试，其实很清楚地知道相关知识在书本的第几页，但就是想不起具体的内容；或者你正在阅读，当你读到这页的末尾时，暗自问自己：我刚才读了些什么？**这类事情之所以经常发生，是因为你从未将信息与自己的生活建立关联。**

思考一下，当你阅读一本小说或一个故事的时候，你处于一种什么样的状态？你的大脑里是不是生成了一部电影？你可以记得所有的角色、地点和事件，因为这些在大脑中都"看"得见。在阅读的过程当中，你在发挥自己的想象力和天生具有的创造力，在大脑里不断地生成图像。

然而，当人们开始学习教科书时，总想着把每页资料都在大脑里进行拍照或者记录下来，却忘记了发挥自己的创造力来记忆。学习速度快或者拥有所谓的照相机般记忆力的人会把创造力运用到每一项的学习中。他们要么过去已经学会了这么做，要么一直在无意识状态下本能地使用这些准则。

大部分人想通过听觉来记忆，他们一遍遍地重复内容，以为这样就可以记住了。其实声音的作用很有限，它和其他记忆方式无法轻松建立关联。一个声音是连续的，如果你想要记住其中的信息，每一次都得从头开始处理全部的内容。而如果你把信息当作大脑里的一幅图像时，就可以在信息之间随意来回切换，因而理解力也得到了提升。

通常情况下，你喜欢的任何一本书都可以激发自身的想象力，并能让其中的内容和你的生活联系起来。你会自然而然地把自己和书中的内容融为一体，并欲罢不能，因为你并不想把"电影"关掉。

你的大脑就好比一块内置的电影屏幕，可以在上面生成信息。我们有效思考和学习的方式是这样的：大脑每天都在创造奇迹，它可以把没有生命的信息转化为图像和观点。利用这一原理，你就可以把每个单词都生成一幅用字母画的图像，因为单词本身只是立体图像的符号。亚瑟·戈登（Arthur Gordon）说过："我们对纸上这些小小的黑色符号熟视无睹，这真是不可思议。26个不同形状的字母组成各种各样的文字，这些文字本身并没有意义，直到被人看见之后才焕发出了生命。"

如果你的大脑无法把这些符号变成图像，所有的学习和阅读就失去了价值，并且会相当无聊。我们的大脑喜欢并且擅长记住图像。

正如神经学家约翰·梅迪纳（John Medina）所说："你听到一条信息，三天后只能记住其中10%的内容，而如果把它变成一幅图像，则可以记住65%的内容。"

有人说："我无法在大脑里生成图像。"其实所有人都可以。如果无法创建或者记住视觉图像，可能你在这方面有严重缺陷。学会发挥你的想象力，这是后天可以习得的技能，而不是天生就拥有的。

阅读和理解同样也是富有创造力的想象过程，这股力量堪比魔法。当我们在大脑中形成了图像，就可以理解其中的内容；如果没有，则会感到困惑和茫然。例如我向你解释汽车引擎的工作原理，但是你根本不知道引擎长什么样子，如果我没有拿实物和图作展示，你对此就很难理解。

我们通过把信息转化为大脑中的图像或电影来记忆，转化的内容越多，就记住得越多，理解得越透彻。如果我们能发挥自身无穷的想象力，就可以让所有的学习都更有创意，更难忘记。

你可以让大脑里的电影情节更加激动人心和令人难忘，从而提高记忆力和想象力，而"SEE准则"可以帮助你达到这个效果。

SEE准则：

S——感官（Senses）：大脑获取信息的方式有五种：视觉、听觉、嗅觉、触觉和味觉。当你充分调动了各类感官，对生活的体会就越丰富，记住得也就越多。

感官可以帮助大脑重现我们的世界。如果你训练自己的感官，就可以更加充分地使用大脑；如果让尽可能多的感官参与其中，你的记忆力就会自动得到改善。想象有一匹马：在大脑里看见它，摸一摸、闻一闻、听一听，甚至尝一尝，你看到的不是"H-O-R-S-E"这个单词的字母，而是其代表的具体图像，可以调动各种不同的感官来感受它。你的感官会让大脑里的电影更加真实和难忘，把它们充分利用起来吧！

E——夸张（Exaggeration）：这两颗草莓哪颗更容易让人记住：一颗是正常大小，而另外一颗则有一座房子那么大。我们可以自行放大或者缩小图像来增强记忆。再如，一头大象和一头穿着粉红色比基尼的大象，这两张图片哪张更令人难忘？

让图像更加夸张和滑稽，以满足大脑的需求。**并没有科学依据证明学习应该是严肃的**。你的图片可以毫无逻辑，只要开心就好，给自己的学习创造一些有积极意义并且夸张的记忆吧！

E——活跃（Energize）：让你的图片动起来。你想看一部关于假期的电影还是就一张幻灯片？一匹站着不动的马，一匹正在奔跑或者走动的马，这两张图，想象一下哪张更有感觉？

让你的信息变得生动和五彩缤纷，而不是单调、黑白和乏味。使用动作可以把生活带入记忆中。让你的图像不按逻辑地动起来：你可以把它们编织起来、相互碰撞、粘在一起或者干脆打包起来。我们还可以让事物说话、唱歌和跳舞，这个请参考伟大的天才华特·迪斯尼先生（Walt Disney），他发明的动画就是绝佳的例子。

想象力的过程是有趣和富有创意的，投入的乐趣越多越好。

当你在阅读或者收听信息的时候，请关注SEE准则，想象这是一部电影。即使不使用这本书学到的某个特定方法，使用SEE准则也同样可以提高你的专注度。埃米尔·库埃（Emile Coue）指出："当想象力和意志力起冲突的时候，赢方总是想象力。"如果你强迫自己去记忆，想象力无法发挥作用，你就一个都记不住。想象力就是记忆力的源泉。

有人会说："这并不是我本能的思考方式。"

这也不是我本能的思考方式，而是我教会了自己这么做，因为它行之有效。使用想象力越熟练，知道、理解和创造的内容就越多，用这种方式，你就成了自己大脑的导演。

如何把抽象的信息转化为图像呢？

我们可以轻松地记住名词和形容词，因为它们都有具体的意义，可以不费力气就在大脑中生成图像。而针对大多数抽象的单词，我们可以人为地赋予其意义。例如使用一个有具体意义的想法或者单词，或者寻找相同、类似的表达，来替代这个"无意义"的词。你还可以把一个单词拆分成好几个音节，比如"华盛顿（Washington）"这个单词，可以把它转化为一幅正在**清洗**（washing）一个**罐头**（tin）的画面。而要记住"氢气（Hydrogen）"，可以想象这幅画面：**消防栓**（hydrant）正在喝**杜松子酒**（gin）。

　　通过把信息生成图像，你可以让所有复杂的内容都有具体的意义，从而难以忘记。一开始你需要付出一些努力，得注意力集中，然后这种思考过程会形成习惯。可以练习看着一些单词，然后把它们逐个生成图像，赋予其更多的意义。我们用几个外语单词来作为练习，尽你所能去想象每个单词代表的图像，并在大脑里用SEE准则将其变成一部迷你电影。

　　首先，我们来试试**西班牙语**：

　　老虎（tiger）在西班牙语中叫tigre，想象一头老虎正在喝着**茶**（tea和ti发音相似），这杯茶变成了**灰色**（grey和gre发音相似）。

　　太阳（sun）叫sole，想象太阳正在你一只脚的**脚底**（sole）燃烧。

　　胳膊（arm）叫brazo，想象一件**文胸**（bra）正**缝**（sew和zo发音相似）在你的胳膊上。

　　再来试一试**意大利语**：

　　小鸡（chicken）在意大利语中叫polo，想象自己在和一只小鸡玩**马球**（polo）。

猫（cat）叫gatto，想象对朋友说："你得（got to和gatto发音相似）抱住你的猫。"

接下来是**法语**：

书（book）在法语中叫livre，读音和肝脏（liver）相似，所以你可以想象自己打开一本书，发现里面有一个压扁的**肝脏**（liver）。

手（hand）叫main，**我主要**（main）使用右手。

椅子（chair）叫chez，想象你在一把椅子上放了股票（share）。

祖鲁语：

狗（dog）在祖鲁语中叫inja，想象这是一条**受伤**（injured）的小狗。

地板（floor）叫phansi，想象一朵三色紫罗兰（pansy）正从地板中长出。

蛇（snake）叫inyoka，想象一条蛇正在**你的车内**（in your car）游动。

日语：

胸（chest）叫mune，想象钱（money）正在从你的胸部长出来。

门（door）是to，想象你正在用大**脚趾**（toe）踢门。

地毯（carpet）是juutan，想象下你（you）正在一个大大的地毯上**晒太阳**（tan）。或者，你把地毯晒黑（you tan）。

现在测试一下自己掌握得如何了：

西班牙语中的老虎叫什么？

意大利语中的猫叫什么？

祖鲁语中的狗叫什么？

日语中的胸叫什么？

意大利语中的小鸡叫什么？

祖鲁语中的蛇叫什么？

法语中的手叫什么？

日语中的地毯叫什么？

只需把这些单词和大脑里荒诞的电影情节联系起来，你就已经学会了14个外语单词。如果遵循SEE准则，用这个方法可以记住几百个单词。记住，一次只需把两个词关联起来即可。如果你花几秒钟想象一下，这个单词就会印在你的脑海里，需要的时候很容易回想起来。

你甚至可以用这个方法来记住所有国家和首都的名称，只需把信息和你的生活相关联。

澳大利亚（Australia）的首都是**堪培拉**（Canberra），你可以想象一只**袋鼠**（kangaroo，代表澳大利亚）正在吃**一罐草莓**（a can of berries和Canberra发音相似）。把这两个单词联系在一起就更好记。

希腊（Greece）的首都是**雅典**（Athens），想象八只母鸡（eight hens和Athens发音相似）正在**希腊**（Greece）游泳。

马达加斯加（Madagascar）的首都是**安塔那那利佛**（Antananarivo），想象一辆疯狂的汽车（mad gas car）撞了你的朋友Ann，她当时正在一条河（a river）上晒太阳（tan）。

比利时（Belgium）的首都是**布鲁塞尔**（Brussels），想象**孢子甘蓝**（brussel sprout）从正在做操（gym）的铃（bell）上面掉了下来。

在大脑里生成一幅很荒诞的图像，然后真正地用SEE准则来"看见"它，这样你就可以轻松地记住所有首都的名称。

　　超强记忆力的最大秘密就是：用无穷的想象力把信息和你的生活相关联。对自己的记忆力承担责任，只有当你的大脑成为想象力的源泉之后，才能学会如何掌控它。记忆并不会自行产生，而是需要自己去创造。你可以让信息更富有意义，从而更容易记住。当我们开始使用这些记忆方法时，你会看到让抽象信息富有具体意义是多么轻松的事情。用所有这些方法来提高你的创造力、记忆力和幽默感吧。

汽车记忆法

把简单的事情变得复杂，是平庸之辈；把复杂的
事情变得极其简单，是真正的创造力。

——查尔斯·明格斯（Charles Mingus）

　　我们已经学会了通过将信息转化为大脑中的图像或者电影，与生活建立关联。现在我们需要从长期记忆中创建文件来保存这些图像，帮助我们记住新的信息。这些方法需要你换种方式思考。我认为想要提高记忆力和注意力是好事，但我们总是重复做同样的事情，却期待有不一样的结果。你必须做得不同，才能变得不一样。

　　我要分享给大家的这个方法叫作汽车记忆法（The Car Method）。汽车是一个很好的长期记忆储存室，因为我们对此非常熟悉，在大脑里就可以轻松驾驶它。和其他记忆法一样，使用这个方法的时候，要先遵循SEE准则在大脑里生成图像。请记住：任何语言的单词都只是用字母画的图像而已，抛开"我没有创意"或者"我不是这样思考的"之类的借口。我也不是天生这么思考的，这是训练后的结果，因为它的确有效。

这方法似乎有点荒诞，但请照做，我保证你会理解其中的要点并成功记住信息。解释这个方法需要花较多的时间，但实际上它们的工作速度和我们的思考速度一样快。如果这个方法没有效果，那唯一的原因就是：你没有去做。

我们将使用名词来做这个练习，因为它们比较容易想象，也更容易管理和储存。在后面的练习中，我们会使用更多抽象的信息。请跟随大脑中的图像，看看自己到底记住了多少。

在大脑里看见你的汽车，然后想象自己正在把一个大大的苹果挤进汽车前面的栅格里，再把一根**胡萝卜**插进引擎盖。挡风玻璃上有个**全麦面包**，你暗自说："全麦面包会毁坏我的雨刷的。"你上车后，把**水果干**在方向盘上压碎，看着它掉进仪表盘。你坐在驾驶座上，想象自己是坐在**蓝莓**和**草莓**上——要真的感受到这种滋味。然后把**鸡蛋**扔到坐在你旁边的人的脸上，现在对方满脸都是鸡蛋了。想象自己把一大堆**坚果**和**种子**倒在后座上。下车的时候，想象车顶上有个巨大的**橙子**。你打开靴子，里面全是**鱼**——要真的闻到鱼的味道。在排气管上长出了**西蓝花**和**孢子甘蓝**，最后车子的轮胎是**甜土豆**做的，味道很好！

再从头到尾检查下你的汽车，看是否记住了所有的信息，如果有一个单词记不住，可以重新回顾一下，让图像的关联性更强，在大脑里看得更加清晰。

刚才你学到的是14种超级食物，这些食物可以提高身体活力，让思维更加敏锐。你不仅能顺着记住整张列表，倒着也行，每种食物在车外还是车内都很清楚。比如车顶上有什么？汽车轮胎是什么做的？驾驶座上有什么？汽车引擎盖上有什么？大脑会对此自动建立关联，回想一下就知道答案了。既然你已经真正了解了这个方法，那么使用起来会更加简单。

有人会说："但是这样的话我还得记住汽车的每个部位，额外添加了工作量。"其实不然。在所有记忆法中，我们都是调动已知信息来帮助记忆，事实上你使用了长期记忆中所有未利用的空间来储存新信息。

现在你很轻松地就记住了整张食物列表。这个方法为何如此有效呢？打个比方，如果你把水倒进漏勺，水马上就漏了；而如果给漏勺套上一个袋子，就可以把水兜住。记忆力也是如此：你的长期记忆（永远被记住的事物，例如自己的名字和房子的样子）就像这个袋子，可以用来留住短期的信息（新进来的信息，比如一个电话号码），当你这么做的时候，就建立了强大的中期记忆（MTM）。

回到汽车记忆法上来，整部车子属于长期记忆（LTM），提供了储存信息的空间，而汽车的每个部位则用来储存短期记忆（STM）的具体信息。所有记忆方法的工作原理都基于下面这个公式：

长期记忆（LTM）+短期记忆（STM）=中期记忆（MTM）

这个方法也可以用来有效地组织信息，使它们更容易被记住。"Super Memory（超级记忆）"和"Yomerm Puers（随机的字母排列）"这两个词，哪个更容易记住呢？同样的字母因为顺序不同，意思就截然不同，而第二个字母组合就很难记住。所以信息组织越有条理，就越容易记住。

快速学习的秘密就在于拥有卓越的信息组织能力。

我们也可以使用别的车子来记住其他新信息。这幅图是一辆汽车,不同的部位上放着七张图片。这不会和用来记忆食物的那辆车子混淆,因为它打开的是新的"记忆文件"。

看下方的图,以便大脑中可以清晰地再现,然后仔细查看每张图片和其对应的汽车部位。

你完成了吗?很好,刚才我们学到的是斯蒂芬·柯维(Stephen Covey)的《高效能人士的七个习惯》(*Seven Habits of Highly Effective People*)。通过记住七张图片,你在大脑里给每个习惯建立了一个参考点。当大脑里有了参考点之后，就可以更轻松地判断自己是否在使用这七个习惯，因为只要大脑里看着这辆车子，马上就会想起所有的信息。请记住：你知道得越多，就越容易知道得更多。

让我来解释下每张图片分别代表"七个习惯"中的哪一个：

习惯1：**积极主动**（Be Pro-active）——想到一只蜜蜂（bee和be发音相似）是职业（pro）高尔夫球手，这张图片足以让我们联想起习惯1。

习惯2：**以终为始**（Begin with the End in Mind）——大脑（mind）正在赛跑，它紧紧盯着终点（end）。

习惯3：**要事第一**（Put First Things First）——这个人站在冠军的位置，说明他得了第一（first）。

习惯4：**双赢思维**（Think Win-Win）——两个奖杯意味着双方都是获胜者（win）。

习惯5：**知彼解己**（Seek First to Understand, Then to be Understood）——伞下边（under）的人准备站（stand）起来。

习惯6：**协同作用**（Synergize）——车子边缘有个带眼睛的标示牌可以用来保持平衡（sign balancing on the edge with eyes，sign提示syn，ege提示erg，eyes提示ize）。

习惯7：**不断更新**（Sharpen the Saw）——车子的轮胎上有一把锯子（saw），意味着要不断地磨炼自己。

请使用尽可能少的图片来记住尽量多的内容。图片越简单清晰，就越容易记住信息。

你还可以在习惯1、习惯2、习惯3之间建立关联，因为它们都属于**个人的成功**（Private Victory）：车子的前半部分是个人的，你是唯一可以打开引擎盖的人。习惯4、习惯5、习惯6则属于**众人的成功**（Public Victory）：**你允许他人进入车子，这是共有的空间。习惯7在车外，用来检查其他事项。

记住这7个习惯并阅读这本书，这样可以更好地理解、记忆和使用。正如斯蒂芬·柯维（Stephen Covey）所说的："我相信习惯可以养成，也可以打破，但绝不是一蹴而就的，而是需要长期的努力和无比的毅力。"

通过这个章节，你已经可以在短时间内记住21条实用信息。这些方法会帮助你更加清晰地组织信息，因此可以有效提高记忆力，挖掘自身更多的潜能。这本书所有的方法都会帮助你储存实用信息。如果仔细思考，你还可以使用汽车的每个细节，在车上或者车内创造更多的储存室用于储存各种信息，至少能发现100个地方可以用。而其他交通工具，例如公共汽车、火车、飞机、轮船甚至太空飞船也可以用来当作记忆储存室。

Chapter 6　第6章

身体记忆法

用多元智力的手来演奏生活的音乐，你的生活会
更加精彩，你生活的键盘上将充满魔法。

——东尼·博赞（Tony Buzan）

你刚刚读到的这段话来自东尼·博赞（Tony Buzan）的《重视大脑》（*Head First*），这本书讨论了如何能拥有至少10种智力。我们不是只有一种"聪明"的方式，而是至少10种，极有可能还有更多。我乐意记住这些智力来提醒自己，人类是多么出色，并在日常生活中关注这方面的提升。不过在开始之前，请允许我演示一下，如何用另外一个方法先记住这些智力的具体名称。这个方法叫"身体记忆法"（The Body Method），它和汽车记忆法的原理类似，但使用的是身体的不同部位来储存新信息。身体是一个非常理想的长期记忆储存室，因为我们赖此生存，对其非常了解。身体上有很多储存室可以用，我只选了其中的10个部位作为演示。

我们将在身体上确定10个部位来储存关键信息点。这个信息有些抽象，所以需要发挥更多的想象力，让我们试试吧。

我们要使用的第一个部位是脚，用来储存**创造性智力**（Creative Intelligence）。想象自己正站在一盏又大又亮的**灯泡**（light bulb）上。灯泡让我联想起**创造性**（creative）的点子，它正烤着你的脚。为了让这两件事物关联性更强，你还可以想象自己正在脚上绘制美丽的艺术作品。

第二个部位是膝盖，用来储存**个人智力**（Personal Intelligence）。想象有一个很大的**钱包**（purse和个人personal发音相似）在你的膝盖上。再给这幅图添加几个动作：想象自己打开膝盖上的钱包，然后膝盖从钱包里飞出去了。个人智力和承担责任有关，所以你要抓住膝盖上的钱包。

第三个部位是大腿，用来储存**社交智力**（Social Intelligence）。想象我们要在大腿上举办一场盛大的**派对**

（意味着社交social），使用SEE准则去真的"看见"和感受到派对在你的大腿上举行。

第四个部位是腰臀，用来储存**精神智力**（Spiritual Intelligence）。想象腰间围着一位美丽的**天使**（angel），或者天使正在给你系腰带（"天使"一词让我联想起精神spirituality、信仰faith等）。现在从脚到腰臀回顾一下之前出现的画面，对应的智力名称分别是：创造性智力、个人智力、社交智力和精神智力。

接下来是**身体智力**（Physical Intelligence），我们把它储存在肚子上。想象自己正在做**运动**（physical）。你开始做仰卧起坐，肚子突然间强壮起来了，变成了完美的六块腹肌。

你的左手是**感官智力**（Sensory Intelligence），想象一下流着鼻涕的鼻子、耳朵、眼睛，给自己带来的所有**感官**（senses）感受。

你的右手是**性的智力**（Sexual Intelligence）——这里可以自行想象画面。

现在快速回顾一遍，目前我们记住了这几种智力：创造性智力、个人智力、社交智力、精神智力、身体智力、感官智力和性的智力。

　　下一个部位是嘴巴，想象有个大大的彩色数字从你的嘴巴里飞出来（**数字智力**Numerical Intelligence），或者想象你只能用**数字**（number）说话。

　　然后是鼻子，用SEE准则在大脑里"看见"一艘太空**飞船**（space ship）降落在你的鼻子和额头上（**空间智力**Spatial Intelligence）；或者"看到"一艘太空飞船从你的鼻子上方飞过。

　　最后是头顶，想象在你的头发上写字，或者你的头发开始**讲话**（**语言智力**Verbal intelligence）。

　　现在我们再回顾下整张身体列表：

创造性智力和情感智力

　　（腿创造动作，提示创造力和情感智力储存在腿和脚上）

　　（1）创造性智力

　　（2）个人智力（自我认知、自我实现和自我理解）

　　（3）社交智力

　　（4）精神智力

身体智力
....
（都储存在你身体的最大部位：躯干）

（5）身体智力

（6）感官智力

（7）性的智力

传统智力
....
（也叫大脑智力）

（8）数字智力

（9）空间智力

（10）语言智力

东尼·博赞（Tony Buzan）说，我们正在进入智力时代，所以深入了解自己杰出的智力极为重要。身体记忆法会帮助你组织信息，这样你就可以在材料之间自由切换。当你阅读《重视大脑》的时候，身体列表将扮演强大的记忆矩阵来汲取更多的信息，以提高理解力和对内容的识别力。如果你听到其他的，比如来自霍华德·加德纳（Howard

Gardner）的智力列表，也可以把这部分信息轻松地放入相关的储存室。当人们讨论智商问题的时候，你马上就可以知道，智商只测试其中的三种智力——大脑智力部分的数字智力、空间智力和语言智力。

大多数人接受的教育思想是：我们要么聪明，要么不聪明。但在学校期间所学的有关聪明的定义仅限于几种特定的智力类型，而被测试的大部分知识属于语言智力和数字智力。

——保罗·麦肯纳（Paul McKenna）

身体记忆法最早是由古希腊人发明的，你可以用来记住考试内容、购物清单或者其他的信息列表。甚至当你手头没有笔的时候，比如冲澡时可以采用这个方法。我只是以这10个部位为例，其实还有背部、耳朵、眼睛、鼻子……所有的部位都可以使用，只要确保把两件事物用一种幽默的方式建立关联，并记住顺序即可（记得使用SEE准则）。通过这个方法，我能够短时间内记住50条信息，并乐此不疲，因为这样可以不断查看并对此了如指掌。

夹子记忆法

遗忘的存在从未被证实过：我们只知道当我们需要的时候，有些事情没在脑海里出现罢了。

——弗里德里希·尼采

（Friedrich Nietzsche）

　　你是否有过这样的经历：当你闻到某种气味的时候，记忆会马上把你带入另外一个时空？这个气味就和过去的某段经历建立了关联。或者当你听到一首歌曲的时候，是否有一连串的回忆从脑海里涌现出来？

　　我们可以有意识地使用这种提示准则，给记忆技巧的工具箱里再添加一种方法。这是我学到的第一个记忆法，让我充分体会到了自身在记忆方面的潜能。它效果非凡，以至于看起来有点像一个把戏。从那天起我就对记忆着迷了，希望它对你也有同样的效果。这个方法叫作夹子记忆法。

　　我们将要挖掘你大脑的联想能力，学会两种新的夹子记忆法：韵律夹子法（The Rhyming Peg Method）和形状夹子法（The Shape Peg Method）。这两个方法是在18世纪末叶，约翰·桑布鲁克（John Sambrook）和亨利·赫德森（Henry Heardson）提出的。

　　这两种方法既简单又有效，可以让你在短时间内记住40条甚至更多的信息，随机或者按照顺序记忆都可以。

　　让我来解释一下第一种方法：韵律夹子法（押韵的两个单词作为一组夹子）。韵律夹子和衣服夹子的作用非常相似，衣服夹子是用来把乱晃的衣物固定在绳子上，而韵律夹子则是把大脑里乱晃的信息留住。这一组夹子本身必须是长期记忆中已经存在的事物，才能发挥作用，请记住：你一直需要用长期记忆中的事物来协助短期记忆。通过这个方法，你在大脑里将新信息和长期记忆中的夹子建立关联，这组夹子同时充当你新想法的储存室或者文件。这个方法操作起来很简单，就是把押韵的两个单词作为一组记忆夹子（或者文件），我们将用以下这几组作为示范：

　　1.one——面包（bun）

　　2.two——鞋子（shoe）

3.three——树（tree）

4.four——门（door）

5.five——蜂巢（hive）

6.six——棍子（sticks）

7.seven——天堂（heaven）

8.eight——大门（gate）

9.nine——葡萄树（vine）

10.ten——母鸡（hen）

现在每一组夹子都可以用来储存新信息，请使用SEE准则把它们和想要记住的单词之间建立关联。

安东尼·罗宾（Anthony Robbins）在自己的励志书籍《唤醒心中的巨人》（*Awaken the Giant Within*）中列出了10种有力的情绪，请使用这个新方法来记忆，并每天思考这10种情绪，因为只有记住自己需要做什么，才会有发展。

这10种有力的情绪分别是：

爱与温情（love and warmth）

感恩（appreciation and gratitude）

好奇心（curiosity）

振奋与热情（excitement and passion）

毅力（determination）

弹性（flexibility）

信心（confidence）

快乐（cheerfulness）

活力（vitality）

服务（contribution）

记得让图像毫无逻辑，使用SEE准则在大脑里"看见"信息几秒钟时间，并花点时间让它们之间建立很强的关联。你也可以通过把图像画出来，体验其中更多的内容。

1.one——**面包**（bun）：想象一个暖暖的面包形状的心脏，或者想象几千个暖暖的心脏从面包里飞出来。要真的把文字转化成图像（把心脏联想成心形，代表爱love；面包给人以温暖warm），然后你就记住了**爱与温情**（love and warmth）。

2.two——**鞋子**（shoe）：想象一位牧师正在用奶酪刨丝器刨鞋子。一位牧师（apreacher）用来提示**欣赏**（appreciation），而刨丝器（grater）用来提示**感激**（gratitude）。

3.three——**树**（tree）：想象一只猫在树上，不需要动用逻辑来思考；或者想象这些树枝看起来像猫，猫挂在树枝上，或者猫从树枝里长出来。好奇害死猫，所以3代表好奇心（curiosity）。

4.four——门（door）：想象一个兴奋的人正在狂敲你家的门；或者这个门很兴奋，跳来跳去，一下开一下关。然后你把百香果（passion fruit）挤在兴奋的门上。所以4代表振奋与热情（excitement and passion）。

5.five——蜂巢（hive）：想象有毅力的蜜蜂或者终结者正打算砸开一个蜂巢。蜜蜂是一个有毅力的组织（determined nation），所以5代表毅力（determination）。

6.six——棍子（sticks）：想象正在殴打一个身段灵活的人，他/她用一根棍子做劈叉腿；或者，真正去感受这根棍子的弹性。所以6代表弹性（flexibility）。

7.seven——天堂（heaven）：想象天堂里都是有信心的人，看着他们因为身在天堂而充满信心地走路。所以7代表信心（confidence）。

8.eight——大门（gate）：想象一扇笑脸形状的大门，你快乐地（cheerfully）打开了这扇门，所以8代表快乐（cheerfulness）。

9.nine——**葡萄树**（vine）：想象一棵葡萄树上长出了维生素。当你吃了这些维生素（vitamin）葡萄，你感到自己充满了**活力**（vitality）。

10.ten——**母鸡**（hen）：想象一只母鸡给你送礼物。它是一只乐于服务的母鸡，所以10代表**服务**（contribution）。

要真的在脑海里清晰地看见关联的每幅图像，现在你应该已经记住这10种情绪了，不管是顺序、倒序或者是随机都行，可以测试下自己是否都已经掌握。

练习感受这些情绪，因为这样你才会对练习过的内容更加擅长。安东尼·罗宾（Anthony Robbins）说过："你自己是所有情绪的源头，是情绪的创造者。每天悉心呵护这些情绪，然后看着你的生命之花以前所未有的活力开始生长。"

你可以把这个方法进行扩展，用更多的单词来和数字押韵，例如：1（one）、面包（bun）、太阳（sun）、胃（tum）、口香糖（gum）和枪（gun），用这个方法你可以轻松建立一个夹子系统，一次储存多达30条的新信息。

这个方法没有任何限制，你也可以自己建立其他类似的列表作为夹子。现在我们来看第二个夹子法：形状夹子法，把数字转换成具体的形状，工作原理跟韵律夹子法相同，只不过这次使用的夹子是数字形状。这次我们不再做练习，因为你已经在韵律夹子法中学会了如何使用。

形状夹子法只是给你提供了另外一个可供选择的方法，请使用以下这个列表来记住10条信息，并享受其中带来的乐趣吧：

这个列表给我们展示了记忆有各种方法，你可以使用长期记忆中已有的列表，也可以自行创建夹子来帮助记忆。

打个比方，你可以给字母表上的每个字母配一个单词，a代表苹果（apple）、b代表桶（bucket）、c代表猫

（cat）、d代表海豚（dolphin）等。使用你熟悉的任何列表，例如最喜欢的足球运动员、超级英雄、流行歌手，或者其他可以按照顺序记住的信息。好好享受使用这个方法带来的乐趣，然后逐步去改善它。

旅程记忆法

你思考的任何事物都是已经记住的内容，记忆就是思想的住所。

——丹尼尔·T.威林厄姆

（Daniel T.Willingham）

接下来我们要挖掘的将是你学过的最不可思议的工具，它将以超乎想象的方式来帮助你提高记忆力——旅程记忆法（The Journey Method）。这个方法已经存在了大约2500年，操作非常简单，但只有少数人可以驾驭。你可以用它来记住并处理大量信息。这个方法需要你去实践，一旦学会，你将再也不想回到原先的状态了。

在所有的记忆法中，旅程记忆法是最早被发明的，也依然是最有效的，顾名思义，使用起来就像记住一段旅程一样简单。有些人会认为这个方法过于简单而担心效果，其实不然，正因为够简单，所以你很清楚该如何使用它。

这个方法的工作原理和汽车记忆法、身体记忆法一样，只不过这次我们会使用一个场所、一段旅程或者一条路线上的几个位置和标记来储存信息。

操作过程如下：

（1）在大脑里准备一个井然有序的场所（比如一座房子、一段旅程或者一个购物中心）。

（2）在这个场所中做几个标记或者找到几个位置来储存信息，做法与汽车记忆法和身体记忆法类似（请按照容易记住的顺序进行）。

（3）根据SEE准则，在大脑里生成一幅相关信息的清晰图像。

（4）把想要记住的每条信息放在标记好的位置上。

总之，这个方法非常简单，就是在大脑里找一个场所，例如一条路线、一段旅程、一栋建筑，然后把信息储存进去。它可以让你记住大量内容，就像记住去最近商店的路一样方便。在这个方法中，你会再次使用这个公式：

长期记忆（LTM）+短期记忆（STM）=中期记忆（MTM）。

接下来我做一个简短的练习来介绍旅程记忆法。我们要学习的12个每日实践是约翰·麦克斯韦尔（John C. Maxwell）的一本书中提出的。我很喜欢他的书，因为结构清晰，容易记忆。他通常会先列出需要讨论的话题，然后再补充每个话题的细节。你可以用这个方法来记住他所有的话题列表和准则，就会成为领导力方面的专家。我们的信息一旦处于记忆矩阵中，就会吸收更多的新信息进来。这个方法有助于信息的长期储存和使用，当大脑里有了这些信息之后，使用起来就更加简单，如果无法回想起知道的内容，那学习又有什么用呢？

在《赢在今天》（*Today Matters*）这本书中，约翰·麦克斯韦尔分享了日常生活中需要关注的12个要点，帮助我们更加成功和幸福。正如他说的："你将永远无法改变自己的生活，除非改变每天要做的事情。"他把这几个要点叫作12个每日实践。

这12个每日实践分别是：

（1）态度（attitude）

（2）优先次序（priorities）

（3）健康（health）

（4）家庭（family）

（5）想法（thinking）

（6）承诺（commitment）

（7）财务（finances）

（8）信仰（faith）

（9）人际关系（relationships）

（10）慷慨（generosity）

（11）价值观（values）

（12）成长（growth）

大多数人会反复背诵这几条信息，尝试强行记住，但机械式的学习和反复背诵会让人厌倦，倍感挫败。如果能把更多的信息进行编码，然后储存进记忆中，学习效率就会更高。让我们想个办法来发现挫败中的乐趣吧（FrUstratioN"挫败"本身包含了fun"乐趣"），现在我们要做的就是集中注意力，把脑海里所有的想法和某一个地方关联起来，和我一起来做这个小练习吧！

为了说明如何使用这个方法，我将把自己房子的四个房间作为一段旅程，这四个房间充当新信息在大脑里的储存室。接下来我带你参观一下房子，然后我们一起来储存这些信息：

先把这几个位置按照容易记住的顺序进行排列，然后回顾一下，确保大脑里已经有了非常清晰的储存路线。这几个位置要相互靠近，又要有适当的间隔。

这是大脑里的一张房间地图，我们将要使用其中的12个位置来记忆：

一号房间（厨房）：1）洗衣机；2）冰箱；3）烤箱

二号房间（电视机房）：4）椅子；5）电视机；6）脚踏车

三号房间（卧室）：7）镜子；8）橱柜；9）床

四号房间（卫生间）：10）浴盆；11）淋浴头；12）马桶

一号房间（厨房）

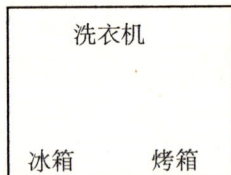

洗衣机
冰箱　　烤箱

二号房间（电视机房）

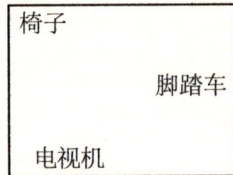

椅子
脚踏车
电视机

三号房间（卧室）

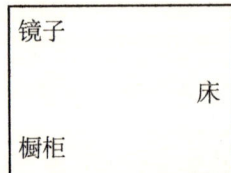

镜子
床
橱柜

四号房间（卫生间）

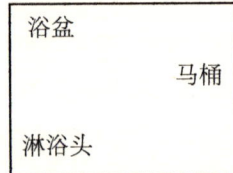

浴盆
马桶
淋浴头

如果我给你一个盒子，里面装了12件物品，你能把它们分别放到不同的家具里面吗？当然可以了。现在我们要做的就是把信息转化为有形的内容，例如一件物品，然后把它们分别放到房间里的各个位置。

我们先从厨房开始。第一个单词是**态度**（attitude），想象一个态度很差的人跳进你的洗衣机，你用洗衣机清除（clean up）他的不良态度。请使用SEE准则在大脑里"看见"这幅画面！

下一个位置是冰箱。想象你把所有事情的**优先次序**（priorities）写在冰箱门上，使用永久性的记号笔，然后思考如何把这些事项永久地储存在这里。

想象一位健康的塑身爱好者正在做苹果派，他把苹果派放入烤箱中。苹果提示**"健康"**（health）这个词。

请回忆下，洗衣机里有什么？冰箱门上、烤箱里又有什么呢？

现在我们来到电视机房。第一个位置是椅子，想象你全家人都在椅子上跳来跳去。画面越没有逻辑，你就越容易记住。

第二个位置是电视机。想象一个想法从电视里冒出来，因为电视是用来思考的机器，它也影响了我们的思考。

最后一个位置是脚踏车，想象给脚踏车梳毛（梳comb，提示承诺commitment），**承诺**（commitment）正在使用脚踏车。

现在我们来到卧室。第一个位置是镜子，想象钱从镜子里面飞出来，**财务**（finances）就是生产力的反映（mirror）。

把代表信仰的所有物品放入壁柜，把**信仰**（faith）放到每块搁板上，或者挂起来。

下一个要记住的单词是**人际关系**（relationships），把它放在床上。好吧，这里可以自行想象画面。

最后一个位置是卫生间。你看到一个妖怪从浴缸里跳出来，它能满足你所有的愿望。妖怪（genie）提示**慷慨**（generosity）。

想象淋浴头是用金子做的；或者你打开水龙头，金子就流出来了。金子有很高的**价值**（values）。

最后一个位置是马桶，我们可以想象一棵树正从马桶中长出来（grow），所以这个位置就代表成长（growth）。

现在回忆一下，这些房间每个位置都分别代表了哪个词呢？

一号房间（厨房）

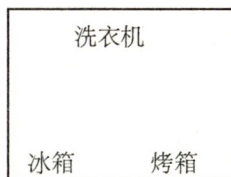

洗衣机	
冰箱　　烤箱	

二号房间（电视机房）

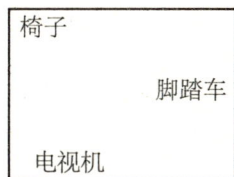

椅子	
	脚踏车
电视机	

三号房间（卧室）

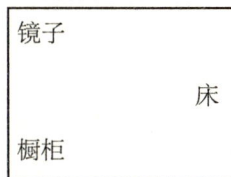

镜子	
	床
橱柜	

四号房间（卫生间）

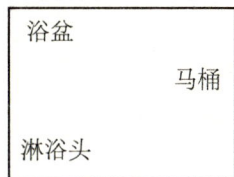

浴盆	
	马桶
淋浴头	

　　很好，这是你学会的第一段记忆旅程，它会让你脑洞大开，有机会拥有完美的记忆力。你刚刚学到的是约翰·麦克斯韦尔（John C. Maxwell）在《赢在今天》这本书中提到的12个每日实践，整个记忆过程非常简单，就如同在我的房子里逛了一圈一样。如果在这些位置之间建立了合适的关联，你就可以记住所有的词，然后再复习几遍，就会明白它的内涵。如果你用自己周围的环境来记忆，效果会更好，因为你更熟悉这些位置的顺序。

　　再倒着回顾一下，你会发现自己依然记得这些信息。通过倒着回顾，记忆中的画面会更加清晰，再把它们放到相应的路线中，就很容易记住整张列表。这个方法可以帮你先看到全景，再放大看到细节。如果这几个要点能和你的生活联系起来，就会变得非常具体，毕竟脑子里经历的事情和思考过的内容更容易记住。

现在回想一下我们学过的内容，去买一本《赢在今天》，然后每天在这几个要点上做一些微小的改变。记住这些内容，并在生活中去体会。

这个方法告诉我们，完美记忆是可以实现的，拥有超强记忆力的人使用它的频率比其他人更高。旅程记忆法效果非凡，因为你可以自行创建几千个储存位置。思考一下，你可以做多少个标记呢？我们通常对旅游记忆非常深刻，因此可以把参观过的建筑、博物馆、学校、购物中心和知道的一切场所都利用起来，不过要确保位置熟悉，对你具有重大意义，并且每个场所的分布要有所不同。只要你愿意，这条路线可以无限延长；你还可以给每个学习主题设置一个场所或者一段路线来记忆。记得享受这个过程带来的乐趣！

这个方法将永远改变你的学习方式。你唯一需要努力的是提高生成图像的能力，并把它们放到一段熟悉的旅程中。

你甚至觉得自己好像在作弊，大脑仿佛自带了小抄或者提示器一样，而这段旅程好比是纸张，图像就好比墨水。在一段熟悉的旅程中，你的想象力可以创造任何信息，这个方法将会改变你的生活！

　　你可以用这个方法来记忆各类信息。我曾经帮助医学院和法学院的学生、飞行员、经理和商人用这个方法来记忆。此外，通过这个方法，我记住了圆周率小数点后面的10000位数字，我的一位朋友义·斯·朱（Yip Swee Chooi）博士则逐字记住了整本牛津字典1774页的内容。如果愿意花点时间，任何人都可以在大脑中储存无限量的信息。有人会说："我的大脑空间会用完的。"如果让你把一卡车的物品放到购物中心里，你做得到吗？当然可以。同样的道理，如果你好好寻找，就会在大脑中发现几千个储存位置，它们正等着你去用呢。使用这个方法并无限制，唯一受限的是你自己的思维。

　　重要的是你得去练习，练习得越多，你就会变得越好。

故事关联法

没有记忆是孤立存在的，它们全部相互关联。

——路易·拉莫（Louis L'Amour）

在前几个章节中，我们已经学会了如何将信息和生活关联起来，并保存在长期记忆的储存室里。在这个章节中，我们将学习如何在新信息之间建立相互的关联——故事关联法，这个方法可以提高注意力、想象力和信息关联的能力。你的大脑本身就是一部可以无限关联的机器。

我经常听到有人说："哦，你在用关联法学习吗？"这个问题的答案是：我们只用关联法学习。学习就是把新旧信息关联在一起的过程，没有别的途径。这个方法可以让已知和未知信息之间建立某种关系——你知道得越多，就越容易关联到更多的信息，进而又会让你知道得更多。

　　现在让我们一起试着用这种方法来记一张列表。这种方法看起来有点荒诞，但是坚持去做，我会证明它会非常有效。讲这个故事会耗费很多时间，其实它在你大脑里只不过是一瞬间的事情。请仔细阅读，并记得使用SEE准则来"看见"这些画面。

　　想象自己正在**洗一个罐子**（washing a tin，要在脑海里真的看见），这时候罐子里突然长出了一个巨大的**亚当**（Adams）的苹果。一位**厨师**（chef）和**她的儿子**（her son）抓住了亚当的苹果，并把它掰开。厨师和她的儿子决定制作一些**药**（medicine）给玛丽莲·**梦露**（Monroe）。玛丽莲·梦露也开始种植巨大的**亚当**（Adams）的苹果。迈克尔·**杰克逊**（Jackson）看到她的苹果正在跳动，就尖叫着跑开了，然后跳上了一辆**装着啤酒的面包车**（van with beer in）。这辆面包车的驾驶员是一个大大的、毛茸茸的黄色太阳——要真的在大脑里看见这幅画面，制造出荒诞、惊险并令人难忘的情节。**毛茸茸的太阳**（a hairy sun)开车技术并不好，它撞上了正在墙上铺砖瓦的**砖瓦匠**（tiler）。砖瓦上有**圆点**（polka）花纹。一位**裁缝**（tailor）把圆点取下来，开始给你做带圆点花纹的外套。

现在回想整个故事和所有的关键词，如果没有全部掌握可以再读一遍，使各个关键词之间的关联性更强，再试试是否可以倒着回想一遍。

你刚才记住的是美国历史上前12位总统的名字。通过把不同的信息进行相互关联，你还可以记住接下去44位总统的名字。如果回想有困难，可以使画面更加凸显，彼此的关联更加清晰。

以下依次是美国历史上前12位总统的具体名字：

（1）洗罐子（washing a tin）——华盛顿（Washington）

（2）亚当的苹果（Adams apple）——亚当斯（Adams）

（3）厨师和她儿子（a chef and her son）——杰斐逊（Jefferson）

（4）药（Medicine）——麦迪逊（Madison）

（5）玛丽莲·梦露（Marilyn Monroe）——门罗（Monroe）

（6）亚当的苹果（Adams apple）——亚当斯（Adams）

（7）迈克尔·杰克逊（Michael Jackson）——杰克逊（Jackson）

（8）有啤酒的面包车（a van with beer in）——范布伦（Van Buren）

（9）毛茸茸的太阳（a hairy sun）——哈里森（Harrison）

（10）砖瓦匠（tiler）——泰勒（Tyler）

（11）圆点（polka）——波尔克（Polk）

（12）裁缝（tailor）——泰勒（Taylor）

一旦你的大脑里拥有了这张列表，就可以顺着或者倒着来回复习几遍，确保没有遗漏。你还可以把更多的信息和这张列表建立关联，把它变成一个新的夹子：例如，可以把副总统的名字和总统的名字关联起来，就像我们之前记外语单词和首都名称一样。你也可以把相互关联的信息或者故事和其他学过的方法结合起来，例如把多条信息储存在汽车记忆法、身体记忆法、旅程记忆法中的一个特定位置或者储存室。你还可以和大脑里的短途旅程相结合，去记住数以千计的单词和信息。

这个方法极其强大，因为创造力和想象力得到了更大的发挥，使信息更加凸显，从而激发了我们的兴趣和好奇心，使注意力高度集中。在这个方法中，每个词都会提示你下一个词是什么，它们之间自行建立了关联，这样一次就记住了两件事物。你也可以用这个方法来记忆多个段落，所要做的就是把所有的内容压缩成一张关键词列表，然后再把这张列表转化成有意义和相互关联的故事，例如整个大纲或者一本书可以压缩为一个荒诞的故事。当你这么做的时候，记忆就变得非常轻松。给自己做一次脑部运动吧，这个方法很有趣！

名字记忆法

所有语言中最甜蜜、最重要的声音，就是当一个人听到自己的名字。

——戴尔·卡耐基（Dale Carnegie）

我们是否能记住他人的名字和记忆力好坏无关，而是方法问题。在这个章节中，你将学会一些名字记忆的方法，使自己记人名的水平与以往大不相同。今天就决定改善吧，这将给你带来诸多好处，把你从多个尴尬的场景中解救出来。

在第2章中，我介绍了自证预言的一个怪圈。先抛开"记不住名字"这种自我设限的信念，集中精力寻找有效的记忆方法。要内心有动力，并对他人的名字以及如何把名字进行标签化感兴趣。

想象你碰到一群人，他们向你承诺，从今天开始的一周内，如果能记住他们所有人的名字，你将获得一百万美元的奖励，这个时候你能记住吗？当然能。如果我们有足够的动力，就能牢牢记住人名。

我将要分享的方法其实已经存在好几个世纪了。这些方法都要求你运用大脑超强的关联能力来换个方式思考。有人说他们已经尝试通过联想来记住名字，但并没有什么用。你不去练习当然不行，生活中的事情就是这样，不用则无效。

所有的记忆冠军都使用关联法，他们可以在半个小时内轻松记住大约100个人名。我相信，如果采用他们的方法，我们也可以达到同样的记忆效果。

没有经过训练的记忆力并不可靠。普通人在记忆力方面总是听天由命，希望自然而然就能记住别人的名字。而我分享给你们的方法一定有效——用起来吧！

如果你想和记忆大师一样记忆人名，需要关注以下4C原则：

1. 专注度（Concentrate）

当你碰到一个和自己同名的人，你能记住他的名字吗？

答案是肯定的，因为你对这个名字很感兴趣，经常听到别人这么叫你。这时候你的注意力会高度集中，这个名字对你来说具有具体的意义，总是和自己联系在一起。如果你对遇见每个人都采用这个基本策略，就能记住他们的名字。

当我们和其他人相互作介绍时，通常对方会把自己的名字念得很快，以至于别人压根儿记不住。你可以尝试掌控自我介绍的节奏，为了能够真正听清楚对方的名字，需要先请他们放慢语速，并竖起耳朵认真听，把记住人名当作非常重要的事情来对待。

奥利弗·温德尔·霍姆斯（Oliver Wendel Holmes）说过："一个人只有记住了一件事情，然后才谈得上忘记。"你得先确保听到了这个名字，如果没有听到，那自然记不住。听到对方的名字后，再向对方复述确认，这样更容易回想起来；而如果没有听到名字，可以让其重复一遍；如果名字很难记，还可以请对方拼写出来。

倾听并发自内心地对别人的名字感兴趣。我们总是担心自己是否有兴趣，却忘记了如何先对他人产生兴趣。当你对别人感兴趣时，就会乐意倾听他们的名字。学会站在别人的角度，而不是你自己的角度来看问题，这不仅可以更好地记住人名，还可以提高你的社交智力。

2. 创建（Create）

在大脑中先给这个名字创建一幅图像，供以后重现使用。

你是否总是听到人们这么说："我记得他长什么样，就是想不起名字来……"但从来没听到过这样说："这长相就是说不出来。"我们能够记住人的相貌，是因为相貌会在大脑里留下视觉图像。而名字本身很难记住，因为我们运用的是听觉记忆，或者自己的声音。声音和图像很难建立关联，自然不容易记住。此外，听觉记忆的效果不像视觉那么稳固。

为了记住名字，我们必须在大脑里先生成一幅图像。还记得我们是如何记住总统的名字的吗？给名字赋予具体的意义，就可以记住了。

如果一个名字放入大脑后不做任何处理，它就会消失不见，这是因为工作记忆本身并不储存信息，需要短期记忆和长期记忆一起协助才行。你还得好好思考这个人名，因为**我们只能记住思考过的内容**。

当别人把陌生人介绍给你的时候，你只有20秒的时间来思考他的名字并进行关联。如果在这个时间段内不对名字做任何处理，它就会消失。赋予名字越多的关联和意义，就越记得住。

一些人的名字自然就可以生成一幅图像，例如贝克（Baker，也是面包师的意思）、克鲁斯（Cruise，表示巡航）、加德纳（Gardner和园丁gardener发音相似）这几个姓氏。我的姓是霍斯利（Horsley），所以你可以把它和一匹马（horse）以及李小龙（Bruce Lee）关联起来帮助记忆；我的名字是凯文（Kevin），听起来像洞穴（cave in），这使我的名字可以轻松地生成图像，并具有具体的意义。其他人名可能更难建立关联，但是只要发挥一点创造力，任何名字都可以被赋予一定的意义，并生成图像。

3. 关联（Connect）

记住：所有的学习都是在已知和未知信息之间建立关联。你已经知道了对方的长相，但还不知道名字，所以需要把未知的名字和已知的相貌关联起来。当你看到对方，就可以把相貌当作记忆的开关或者夹子，回想起相应的名字。

这是一些如何建立关联的具体方法。所有书中的方法解释起来需要费很多时间，而实际运用则非常简单。

比较关联

用这个方法，你可以把一个陌生人和认识的人联系起来。比如我们刚遇见了一位名叫乔治（George）的男士，为了记住这个名字，我们可以回想一下原先认识的另外一位乔治。你认识另外一位名叫乔治的男士吗？你甚至还可以和同名的名人建立关联来帮助记忆，比如乔治·克鲁尼（George Clooney）。

现在大脑要做的是区分同名的两个人。我们认识的乔治是什么发色？这位新认识的乔治是什么发色？通过比较两个人的同一个特征，你的注意力会比之前更加集中，因而建立了一个较强的关联。

尽可能多地去比较不同的特征，注意力会高度集中，为完美的回忆建立长期记忆。这就像在大脑里比较两张脸一样简单，你马上就可以记住。想象此人有两个头，一个是刚认识的，一个是之前认识的，他们的名字都一样，这样的想象方式可以加深你的记忆。

我喜欢这个方法，因为它可以帮助你同时记住新认识的人，并加强了对原先认识的人的印象。这个方法只需几秒钟，就可以让你永久记住一个人的名字。我们使用的准则是：用长期记忆里熟人的名字来记住短期记忆里新认识的人名。

有些人会问，如果没有相同的名字拿来做比较怎么办？接下来我会介绍一些其他方法，找到对自己最有用的一个即可。

脸部关联

你可以通过这个方法，把名字和脸部的突出特征联系起来。每个人的脸都是独一无二的，具有鲜明的特征。假设有人给你介绍一位女士，你首先注意到她有一双引人注目的蓝眼睛，这就是对方的突出特征。当你得知名字的时候，就找到了相应的位置来储存信息。想象她说自己的名字叫珍妮丝（Janice），然后你大脑里就生成一幅相关的画面：珍妮丝这个名字听起来像冰链（chain ice），与她的脸部特征建立联系，想象一串冰（a chain of ice）从她的蓝色眼睛里飞出来。

再如，你碰到一位名叫彼得（Peter）的男士，你注意到他有一个大鼻子。把这个名字转化为一幅图像：想象"爱吃豌豆的人"（pea eater和Peter发音类似），然后快速建立关联，把他的鼻子想象成一个大得爱吃豌豆的人。通过这种荒诞的想象，就可以把名字和对方的相貌联系在一起。

　　使用这个方法的时候，永远不要告诉对方你脑子里想了些什么，这是非常私人的问题，有些人可能会觉得自己受到了冒犯。我记得有一次碰到一位名叫黑兹尔（Hazel）的女士，她问我是如何记住她的名字的，然后我告诉她是因为自己想起了一个榛子（hazelnut）……她为此非常不高兴，我真是犯了一个巨大的错误。记住，大多数人都把名字等同于自己——他们喜欢自己的名字，并把它当作独特的标签。如果你拿他们的名字开玩笑，就是在拿他们本人开玩笑。

　　关于如何使用这个方法，常见问题如下：

Q1.如果我碰到四个人都有挺拔的鼻子该怎么办？

　　寻找突出的特征可以帮助我们更好地关注对方的长相，这是我们之前很少做的，因为我们大部分人在见面的时候，其实从未仔细观察过对方。这个特征更多的是用来引导你去关注对方的其他相貌特点，然后把它和名字建立关联。我曾经做过一个演示，用这个方法在半个小时内记住了100多个人名。当你碰到100个人的时候，你会使用很多相同的特征来记忆，但令人惊奇的是，我从没有把他们混淆过。

可以去脸书（Facebook）上练习这个方法，那里有几百万张脸供你挑选。

Q2.我可以把名字和衣服关联在一起吗？

可以，但是只有当你同时也注意脸部特征的时候才行。人们的衣服会换，但长相是独一无二的，不会有太多的变化。

Q3.如果我发现一个名字很难生成图像该怎么办？

你可以想象把名字写在对方的额头上，确保大脑里有一支大大的红笔，这些想象都和你的创造力有关。

如果你在大脑里给名字生成了图像，记住名字就会和记住长相一样简单。

会面地点关联

当我们和别人第一次见面的时候，同时也很容易记住当时见面的地点。这个地点会在我们的记忆里留下深刻印象，但是具体名字却很难想起来！

　　我们可以把对方的名字和见面地点建立关联，并用旅程记忆法配合：假设我们遇见一位名叫萝丝（Rose）的女士，然后问自己：关于我们见面的地方，我还能想起别的什么呢？比如，你觉得自己会想起一张自助餐桌，然后把一朵大大的玫瑰花（rose）和餐桌联系起来，这样当你想起这个地方的时候就想起了这位女士名叫萝丝（Rose）。

4.持续运用（Continuous use）

　　如果你集中精力去听清楚对方的名字，赋予其具体的意义，并和本人建立关联，就可以在短时间内记住人名。然而为了能够永久记住，你还需要不断地去使用。

　　讨论。如果这是一个外国人的名字，可以询问对方这个名字有什么具体意义，以及如何拼写。

　　在交谈中使用。你谈论这个名字的次数越多，就越不用依赖工作记忆，可以把人名直接储存在长期记忆里。

　　暗自问自己："这个人叫什么名字来着？"回答后再次确认："这感觉对吗？"可以用一整天的时间去尝试加强这种关联。

　　回顾。在你的日记、电脑或者手机上创建一个新的文件夹来储存你想记住的人名；邀请对方加入你的社交媒体，这样就可以经常回顾他们的名字；经常回顾，把人名放入长期记忆，你所需要做的无非就是把对方名字和会面地点写下来而已。时不时查看这张名单，你将拥有一个超大的名字记忆库，再也不会对某个人名不知所措了。

有了这些方法，你可以在一次聚会中记住几百个人的名字。记住名字也会让你受到别人的关注，因为当你记住他们时，他们也记住了你。

数字编码记忆法

把一串字母拼在一起，便有了单词，代表了一定的意义——一幅画、一份情或者一个人。而把几个数字拼在一起呢，只是另外一个数字罢了。

——多米尼克·奥布莱恩

（Dominic O' Brien）

数字已经成为我们生活的重要组成部分，但还是没人告诉我们如何记忆数字。

你可以使用外部的记忆工具，也可以把大脑外包。但是如果你在工作中不借助"外脑"或者笔记能回想起事实和数字，就可以为自己建立值得信任和笃定的形象。

当你能够记住事实和数字，就在记忆方面树立了信心，建立了大脑优势，这就好比在做脑部运动。

如果说出一串数字，普通人只能顺着记住7位，倒着记住4~5位。

　　而如果你接受过记忆方面的训练，记忆的数字则无上限。我可以在20秒内记住50位随机数字，45秒内记住100位。我对数字的记忆已经远远超过了这个领域设定的上限。

　　知道了策略，任何人都可以达到这样的效果。如果你去练习这个方法，并以提高记忆力为荣，你也可以培养出这种"超能力"。

　　很多人总是一遍又一遍地去记忆数字，但这只是不断费力重复老办法而已。

　　记忆力的提高不仅仅是练习，如果你一直重复不好的习惯，它只会变得更加糟糕，你还需要一个全新的方法。我们可以使用之前提到的数字形状法来记住较小的数字，不过这次我要介绍的方法拥有更强大的功能，使用范围也更广。

　　请看这两组信息，哪组更容易记住呢？

American Presidential Candidates（美国总统候选人）

34729401215721110

　　显然"美国总统候选人"更容易理解，只要你说出来就记住了。这句话有具体的意义，可以在大脑中生成一幅图像；而数字并没有实际的意义，本身也不容易记住。所以为了记住数字，你需要赋予其更多的意义。

记忆大师在使用这个方法时各有不同，但多半会把数字先变成文字，然后再生成图像。

我们拿到数字之后，先把每个数字看成具体的形状，然后转化成相应的字母，最后再把字母组合成单词。这个方法似乎需要做很多工作，但是，一旦你拥有了自己的数字编码，整个记忆过程会非常轻松。这个编码系统本身需要记忆，坚持使用它，并敞开心扉去接受这门全新的语言，同时这也是锻炼文字和数字智力的好方法。

让我们先从学习数字编码开始吧，跟着这个流程来操作，后面就水到渠成了。我们先从元音a、e、i、o和u开始，这些字母本身并没有什么意义，只是充当填补或者留白的作用，字母w、h和y也类似。现在记住这些即可。

看看这几个数字分别代表了哪些字母的发音：

0代表S、Z或者C的发音，S听起来像一个车轮滚动的咝咝声（车轮看上去像0）：

1代表T或者D的发音：

2代表N的发音：

3代表M的发音：

举例1：如果想要生成TOMATOES（番茄）这个单词，需要哪些数字？

T：1，O：无意义，M：3，A：无意义，T：1，O：无意义，E：无意义，S：0。

所需的数字是1310。

举例2：数字321可以生成哪个单词？

3：M，2：N，1：D或者T，我们就有了字母MNT和MND组合，添加元音"i"，就生成了mint（薄荷）这个单词。

如果我们选择字母"d"，并添加元音"e"，就变成了mend（修理）。或者试试添加"a"和"y"，就出现了一个人名Mandy（曼迪）。

这就好像我们在学习一门新的语言一样。

4代表R的发音：

5代表L的发音：

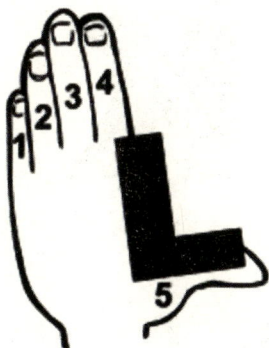

6代表J、Sh、Ch和G的发音（发软音/dʒ/的时候）：

举例3：数字654可以生成哪个单词？

答案是：jailer（狱卒）

7代表K、C的发音：

8代表F、V的发音：

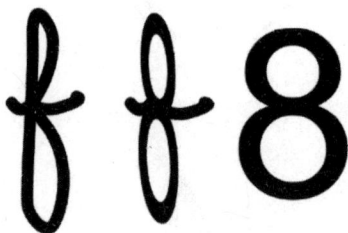

9代表B、P的发音，字母P看上去像数字9的镜面翻转（左右颠倒）。

举例4：cave（山洞）可以用什么数字来代表？

答案：78

举例5：数字98可以生成哪个单词？

答案：beef（牛肉）

现在再来看一下这串数字，其实就和记住下面这些字母一样简单：

3472 9401215 721110可以转化为：

aMeRiCaN PReSiDeNTiaL CaNDiDaTeS

现在知道该如何使用这个方法来记住数字了吗？

你可能会说："但现在我还得单独记这些数字和单词。"其实不然。这就好比学习如何阅读一样，刚开始的时候你得努力学会如何对信息进行编码，但之后就容易多了，例如一说起007这个数字，你就马上想到了詹姆斯·邦德（James Bond）。我们想要对所有要记住的数字都创造同样的体验。另外我们本来就可以轻松地记住具体的信息，所以你并不需要记忆更多的内容，只需记得更牢一点。

这需要花点时间来掌握，但是一旦学会了，你将终身受益。

现在给你一张单词列表，分别代表1到100的数字，依次排列。

这个方法很好，因为你不必担心拼写问题——它只和发音有关。

00. sauce（酱）

01. soda（苏打）

02. sun（太阳）

03. swim（游泳）

04. sir（先生）

05. seal（海豹）

06. sash（腰带）

07. sock（袜子）

08. safe（安排）

09. soap（肥皂）

1. tie（系，或者领带）

2. Noah（诺亚，人名）

3. ma（妈妈）

4. ray（射线）

5. law（法律）

6. jaw（下巴）

7. key（钥匙）

8. foe，UFO（敌人，或者不明飞行物）

9. bee（蜜蜂）

10. toes（脚趾）

11. dad（爸爸）

12. tan（晒黑）

13. dam（水坝）

14. deer（鹿）

15. tail（尾巴）

16. dish（盘子，或者菜肴）

17. duck（鸭子）

18. dove（鸽子）

19. tape（磁带）

20. nose（鼻子）

21. net（网）

22. nun（修女）

23. gnome（守护神，G不发音）

24. Nero（尼禄，罗马皇帝）

25. nail（指甲）

26. nosh（食物）

27. neck（脖子）

28. navy（海军）

29. nap（打盹）

30. mouse（老鼠）

31. mat（垫子）

32. moon（月亮）

33. memo（备忘录）

34. mower（割草机）

35. mail（邮件）

36. mash（饲料）

37. Mike（迈克，人名）

38. mafia（意大利黑手党）

39. map（地图）

40. rose（玫瑰）

41. rat（老鼠）

42. rain（雨）

43. ram（公羊）

44. rower（桨手）

45. reel（卷轴）

46. rash（皮疹）

47. rock（岩石）

48. roof（屋顶）

49. robe（长袍）

50. lassie（少女，只发一个/s/音）

51. lady（女士）

52. lion（狮子）

53. limo（豪华轿车）

54. lorry（卡车，只发一个/r/音）

55. lily（百合花，或者人名莉莉）

56. leach（过滤）

57. lock（锁上，ck只发/k/音）

58. leaf（叶子）

59. lip（嘴唇）

60. chess（象棋，只发一个/s/音）

61. jet（喷气式飞机）

62. chain（链条）

63. jam（果酱）

64. chair（椅子）

65. jail（监狱）

66. Cha‑Cha（恰恰舞）

67. shake（摇晃）

68. chief（主管）

69. jeep（吉普车）

70. case（案件）

71. cat（猫）

72. can（罐头）

73. comb（梳子，b不发音）

74. car（汽车）

75. coal（煤）

76. cash（现金）

77. coke（可乐）

78. cave（山洞）

79. cab（出租车）

80. face（脸）

81. fat（胖）

82. fan（扇子）

83. foam（泡沫）

84. fire（火）

85. foil（箔）

86. fish（鱼）

87. fake（假的）

88. woof-woof（狗叫声）

89. FBI（美国联邦调查局）

90. bus（公共汽车）

91. bat（蝙蝠）

92. bun（圆形面包）

93. bum（无业游民）

94. bear（熊）

95. ball（球，只发一个/l/音）

96. beach（海滩）

97. back（背）

98. beef（牛肉）

99. baby（婴儿）

100. daisies（雏菊）

如果不喜欢上述的一些单词，也可以自己造一些。

这个方法不仅可以用来记数字，还可以作为一张庞大且有效的夹子列表来使用。

这张夹子列表需要事先单独记忆，一天记10组即可。假设你要记住从10~15这几个数字分别代表哪几个单词，可以这样做：比如要记住数字10代表的单词，就把1想象为T，0想象为S，加上两个元音，就变成了toes（脚趾），并在大脑里生成清晰的脚趾的图像。而要记住11，分别记住两个"1"，对应的字母是两个"D"，再添加一个合适的元音，于是就有了dad（爸爸），并在脑海里清晰地看见爸爸的图像。同样方法，15可以生成单词doll（玩具娃娃）——记住这个数字编码只针对单词的发音，与拼写无关，所以两个L其实只发一个L的音，对应的数字是5，不过我个人更喜欢用tail（尾巴）来代表15这个数字。

学会这种记忆方法好处很多，你可以用来按照顺序轻松地记住100条信息。一旦被赋予了具体意义，任何数字就都能记住，毫无限制。当每个数字最终生成一幅图像后，你就可以在大脑里看见，再放入具体的某个记忆法中，想记住多少都行。

我曾经用这个方法来记运动数据、股票价格，以及和数字相关的一切重要信息。这个方法用来回忆历史上的日期也非常有效。我喜欢回忆历史日期，因为这把历史事件和时间轴联系在一起了，一旦记住数字，就可以轻松地和其他事件建立关联。用这个方法我可以在5分钟内记住多达100个日期。不过，这只是又一种更容易记住信息的方法而已，最好多种方法灵活运用。

日期记忆的步骤如下：

1926年第一台电视机诞生——我的方法是只记年份的后三位数字，因为大部分需要记住的年份都在最近的1000年内，所以1926这个数字就记成926，然后根据之前提到的数字编码生成单词punch（敲打）。现在使用记忆的相关准则，想象我们正在敲打（punch）电视机，然后它就开始工作了。

1969年人类登陆月球——我们可以想象在月亮上看到主教（bishiop，编码969），他正在月球上行走，玩月球上的尘埃。

1901年第一次颁发诺贝尔奖——想象这个奖项是意大利面（pasta，编码901）做的。

1942年第一台计算机发明——想象这台计算机看起来像谷仓（barn，编码942）那么大。

1801年第一艘潜水艇建成——想象潜水艇建得很快（fast，编码801）。

1784年第一份报纸出版——想象在整版报纸上看到鱼子酱（caviar，编码784）。

这个记忆数字的方法是在18世纪由斯坦尼斯劳斯·明克·冯·文斯欣（Stanislaus Mink von Wennshein）提出的。这个方法需要练习，并且真正地去使用，让它为你服务，然后你对数字的记忆将没有上限，从而变得更加博学。

艺术记忆法

对一件事情感兴趣的程度是以你记住多少内容来衡量的。

——菲利普·A.博赛特

（Philip A. Bossert）

在这个章节中，我会给你展示，把信息转化为艺术后的效果有多好。本书传授的所有方法都可以通过把信息转化为绘画或图像来加强记忆。创造力发挥得越多，记忆力也就用得越多。这个方法极其简单：你接收的信息只需转化为某种艺术形式，就会被永久地记住，它可以让你注意力集中，从而不会让信息溜走。

正如之前提到过的，每个单词都是由字母构成的画，而单词代表的意义也会让我们在大脑里迅速生成一幅图像。如果一幅图像能够使用立体效果来呈现，就会增加视觉上的冲击力，因为现实生活中的事物就是立体的。你也可以使用谷歌搜索到的图片来达到这个效果，或者找一位插画师帮你画，还可以从杂志中剪一些图片，或者干脆使用涂鸦。任何艺术形式都可以帮助你记住更多的信息，你可以把内容雕刻出来、画出来，甚至表演出来。这整个过程都是创造性的记忆，可以让人更容易联想起来，个人参与程度也更高。

使用谷歌图片来创建记忆图表：把所有的图片都放在word文档或者PPT文档里，并时常翻看。这样当你看到图片的时候，就产生了即时学习的效果。举两个例子——下面这幅图并不是专业的画作，只是把一堆从谷歌搜索来的图片放在一起，并让它们彼此之间产生关联。

看下这些图片，确认有多少张显现在你的大脑里。如果能够通过一个故事把这些图片连接起来，就会产生更强的关联性。你对于信息思考得越深入，就记得越多。

这张图是12根颅神经的记忆图表，这些神经名称可以通过一个故事，在你的脑海里直接呈现出来：

这个故事先从一个老工厂的图片开始，老工厂（old factory）的发音和**嗅觉神经**（Olfactory）相似。第二张图片是一位男子正在捡起（pick up）一个表示正确的对钩符

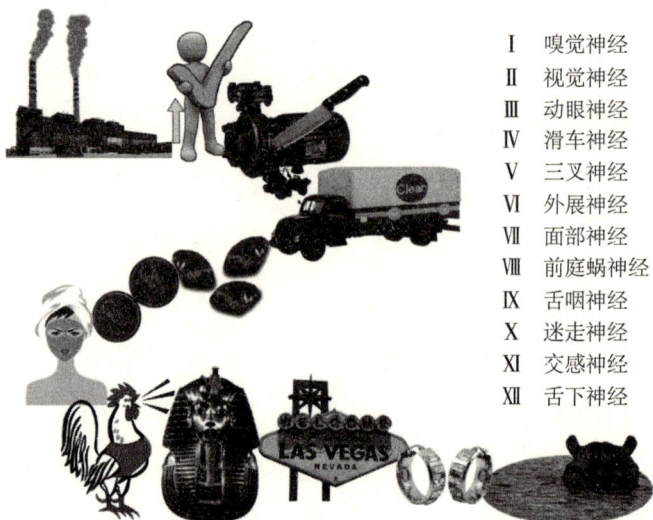

I	嗅觉神经
II	视觉神经
III	动眼神经
IV	滑车神经
V	三叉神经
VI	外展神经
VII	面部神经
VIII	前庭蜗神经
IX	舌咽神经
X	迷走神经
XI	交感神经
XII	舌下神经

号（tick），让你想起**视觉神经**（Optic）。第三张是一个马达，上面有一把刀，这是一个杀手马达（a killer motor），听起来像**动眼神经**（Oculomotor）。第四张是一辆卡车（truck），上面有"清洁"（clear）字样，表示**滑车神经**（Trochlear）。三块宝石（three gems）用来提示**三叉神经**（Trigeminal）。两个一分钱的硬币（two cents）代表**外展神经**（Abducens）。一位敷面膜（facial）的女士代表**面部神经**（Facial）。一只公鸡（cock）穿着背心（vest），代表**前庭蜗神经**（Vestibulocochlear）——如果

这张图片不能让你想起对应的单词，可以联想更多的内容来帮助记忆。涂着红色唇彩（lip gloss）的法老（pharaoh）**代表舌咽神经**（Glossopharyngeal）。写着拉斯维加斯（Las Vegas）的招牌代表**迷走神经**（Vagus）。耳环是配饰（accessory），这个单词也是交感神经的意思。最后一张图是涂着红色唇彩（lip gloss）的河马（hippo），**代表舌下神经**（Hypoglossal）。

这些图片对于你的大脑来说，就相当于简易的提示器或者触发器，帮助你回想起主要内容。通过仔细查看、图片之间建立联系，以及锁定某张图片的具体信息，记忆的关联性会更强，信息也就更容易回想起来。试试看吧！

下一个例子是用一张图来记住元素周期表的前10位元素名称。

首先，我们可以看到一个亮黄色的消防栓（hydrant，提示**氢**Hydrogen），上面绑着充满**氦气**（Helium）的气球。挨着气球的是一只灯泡（light bulb，提示**锂**Lithium）。灯泡的下方照着各种颜色的草莓（berries，提示**铍**Beryllium）。一头臭烘烘的野猪（boar，提示**硼**

145

Boron）正在吃草莓。一辆汽车（car）紧挨着一个面包
（bun，提示碳Carbon），撞上了野猪。汽车和面包后面是一
位骑士（knight，提示氮Nitrogen），从骑士的盔甲里冒出
一个潜水氧气瓶（oxygen tank，提示氧Oxygen），这个
氧气瓶正被一位感冒（flu，提示氟Fluorine）的女士使用。
这位打喷嚏的"感冒女士"后面有一块很大的闪烁的霓虹灯
招牌（neon sign，提示氖Neon）。

再看一下这张图，使它们之间相互产生关联，信息就会
储存在你的记忆里。

如果你想记住整张元素周期表，还可以自行创建一些图
片来帮助储存。

你也可以使用记忆图表来帮助孩子们记住单词的拼写。

下面是一些例子：

商业（business）。

在甜点（dessert）这个单词中有两条蛇（2个S字母和蛇的造型很像）。

　　下面这个方法很好，可以区分一些发音类似、容易混淆的单词：

他的耳朵（ear）里有一只梨（pear）。

这双（pair）鞋正飞过天空（air）。

任何信息都可以通过绘画、摄影或者雕塑的形式来呈现。尝试把生活中需要的重要信息转化为图像，这样你就可以轻松地在大脑里看见它们。使用艺术创作的方式帮助记忆，并好好享受这个过程带来的乐趣吧！

另外有一个可以让你充满创意的大脑运转起来，用来做规划和记忆的好办法——**思维导图**Mind Mapping™（注册商标归东尼·博赞所有）。

你的记忆系统运转得如此快速和轻松自如，以至于你几乎觉察不到它在工作。

——丹尼尔·T. 威林厄姆（Daniel T. Willingham）

思维导图是工作中用来审视想法和记忆效果最好的方法之一。在生活中使用思维导图，则可以改变大脑的思考方式。这种方法用来组织信息非常有效：通过纸上画图来思考，就可以从大脑中挖掘出更多的想法。

东尼·博赞（Tony Buzan）是思维导图的发明人，目前已经出版了80多本书籍。这个神奇的思维工具创建于20世纪70年代，现在已经发展成为世界上最有效的学习和思考工具之一。

东尼·博赞把思维导图称作"大脑的瑞士军刀"，它不仅可以提高记忆力，还能提升思考水平。思维导图可以用在以下这些方面：记忆、学习、报告、沟通、组织、规划、会议、谈判等所有与思考有关的信息。

思维导图就是把你的想法转移到纸上，让多种感官参与其中，使用起来非常轻松简单。首先你可能需要做一些练习，不过你的大脑知道如何享受其中的乐趣。使用了思维导图之后，你的生活和学习会和以往截然不同。思维导图是组织信息的绝妙方式，通过它可以同时看到全局和细节，而传统的线性笔记，例如一些列表和几行字，其灵活性远远无法和思维导图相提并论。

如果要成功运用思维导图，你需要以下准备工作：

（1）你的大脑；

（2）一张白纸，越大越好，然后把它变成一幅画；

（3）许多彩色的笔。

解释思维导图最好的方式就是把它画出来。这里我将画一张思维导图，来介绍本书分享过的所有记忆方法。

每一张思维导图都从空白纸张的中心开始下笔，先画一幅中心图。这幅图是整个思维导图的标题，因此我把它命名为"记忆系统"（Systems）。正如我们所知，图像更容易被记住，也可以激发更多的创造力。

第一步：

第二步：

有了中心图之后，就可以建立分支连接到中心图，把标题的内容进行扩展。我画的这张思维导图标题的主要分支就是之前提到的各种记忆方法。

第三步：

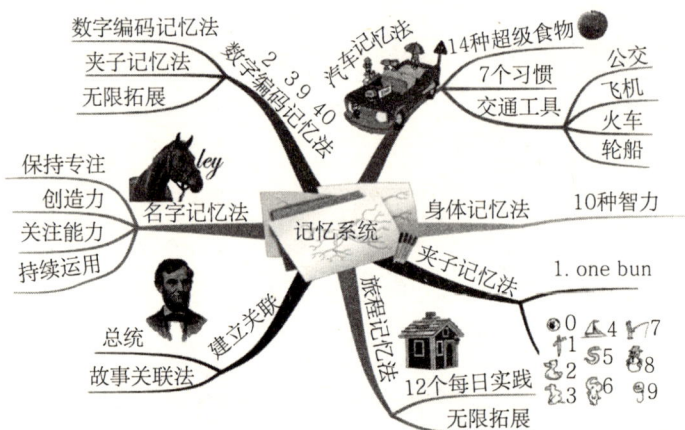

一旦我们有了主要分支，就可以建立第二层和第三层的分支，与之前的主要分支连接起来，为其提供更多的信息。

我们甚至可以在此基础上添加更多的分支，让标题包含的内容都清晰地呈现出来，或者提供更多的细节。注意每个分支只能写一个单词，这样可以让大脑的联想能力得到充分发挥，并记得添加图片。每个主要分支只采用一种颜色，这样可以在视觉上区分不同的分支内容。一张思维导图并没有终点，因为大脑的联想能力总会让你发现更多的信息。

思维导图乐趣多多，能让大脑的创造性得到充分的发挥。如果把它用来记忆信息，你的大脑会进入一个新的高度，创造力、规划能力、大脑的开发、记忆力和观察力都会得到提高。你可以把思维导图运用到所有的学习领域，它在大量信息的概括总结以及沟通要点的获取上极其有效。

这是我根据斯蒂芬·柯维（Stephen Covey）的《高效能人士的七个习惯》（*The Seven Habits of Highly Effective People*）这本书做的一张思维导图。

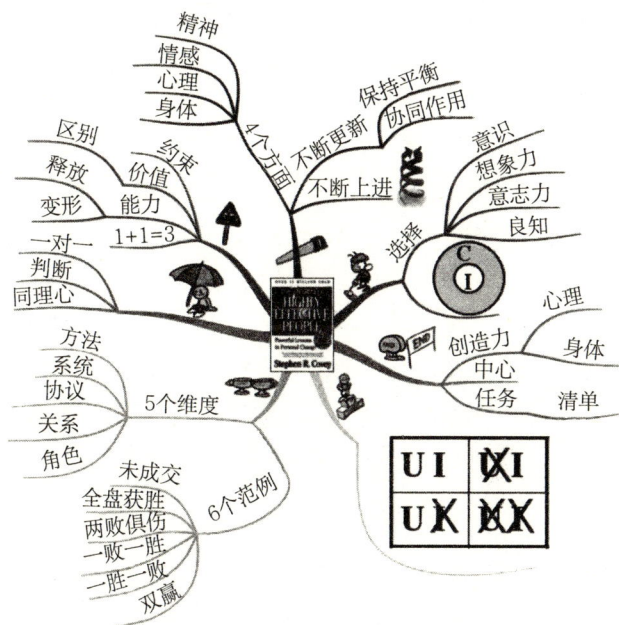

　　你会注意到，每一个主要分支都呈现了这本书提到的其中一个习惯（我们之前已经通过汽车记忆法记住的七个习惯），而整张图涵盖了这本书的所有关键内容。

　　这张思维导图是我用iMindMap（手绘思维导图软件）制作的。现在有很多制作思维导图的程序，但是不论灵活度还是实用性，都不如这个软件。去玩玩看，你会很惊讶自己通过这个思维工具会有如此多的收获。

把方法用起来

成功既非魔法，也非神话，它是持续运用基本原理之后产生的自然结果。

——吉姆·罗恩（Jim Rohn）

　　现在你已经了解了记忆的一些基本原理，就可以它用来掌控信息。对信息发挥更多的创造力，与你的生活建立关联，就可以更好地参与其中，进而提高记忆力。在这个章节中，我会告诉你，如何采用这些方法来记住几乎一切事物。我会提供一些简要的指导，告诉你如何逐字记忆文字信息、演讲内容，如何避免健忘，如何记纸牌以及任何学习内容。

1. 逐字记忆文字信息
记忆……是我们随身携带的日记。

——奥斯卡·王尔德（Oscar Wilde）

这是我逐字记忆文字信息的方法，如果你用起来，就可以轻松记住例如引言、诗歌、定义或者宗教典籍章节的内容。

逐字记忆可以在演讲、谈判和开会时助你一臂之力。你也可以用它来记住其他内容，当需要一点灵感时，就可以随时把它召唤出来。这也有助于你备考的时候记住核心概念。

记忆和背诵诗歌也是一个训练大脑、提高表达能力的好方法。许多宗教典籍会提出记住诗章的重要性，这样你就可以将其传授的内容在生活中运用起来。

我们将引用拉尔夫·沃尔多·爱默生（Ralph Waldo Emerson）所著的《成功》（Success）中的一个选段作为例子来说明。这个记忆方法的第一个要素是找到其中的关键词，来帮助你记住其他内容。请注意我选的词：

成功（Success）

To laugh often and much; to win the respect of intelligent people and the affection of children; to earn the appreciation of honest critics and endure the betrayal of false friends; to appreciate beauty, to find the best in others; to leave the world a bit better, whether by a healthy child, a garden patch or a redeemed social condition; to know even one life has breathed easier because you have lived. This is to have succeeded.

一旦找到了关键词，下一步就是把它们转化为图像，并放入从本书中学到的一个记忆法中。**请记住：你的想象力好比一支笔，而方法就是纸张。**你可以使用一段旅程、身体部位、汽车以及长期记忆中的任何事物作为储存室。你甚至可以像之前记忆总统的名字那样，在所有的关键词之间建立关联。让我来协助你开始记忆吧：我们将使用一棵树来记住这些关键词。为什么要用树呢？因为它代表了成长，并且树是我们长期记忆中的事物。

想象树根在笑（laughing），**聪明的人**（intelligent people，可以想象是爱因斯坦）正坐在树下。**孩子们**（children）正抱着树干（提示孩子们的爱戴affection of children），树枝上有一个充满批评声音的**鸟巢**（a nest full of critics，nest提示honest，因为发音相似）。你会注意到我们已经把最开始的几个关键词和记忆法联系起来了。再重复几次，所有的关键词就都可以在一棵树上找到相应的位置。

如果你愿意继续下去，还可以把剩余的信息和树叶、荆棘、果子或者树所在的公园建立关联。有了关键词后，还需要再通读几遍材料。关键词的提示可以使整个段落更容易记忆，并且你原有的语言功底也会帮助你记住整句话。总之让文字信息更加生动，你就可以记住更多的内容。

我的一位朋友，杰出的克莱顿·卡夫罗先生（Creighton Carvello，现已过世），背下了海明威（Hemingway）的小说《老人与海》。他甚至能记住每个单词的具体位置。如果你问他在第8页第15行的第6个单词是什么，他马上就能说出答案。他并没有死记硬背，而是采用了跟我刚刚展示的很类似的一个方法。

和生活中的任何事情一样，你需要做一些练习才能轻松地记住文字信息。当你掌握了这个方法之后，就可以逐字记住工作或生活所需要的任何内容。演员们也会用这个方法来背台词，当他们真的了解其中内容时，就可以感同身受，并更加自然地表演出来。

2. 通过记忆做演讲

人类的大脑是一个奇妙的器官。它从你出生起就开始工作，但等你要做演讲的时候就罢工了。

——乔治·杰希尔（George Jessel）

如果演讲者藏在一张纸或者屏幕后面自顾自地念稿子，你会喜欢吗？当然不喜欢，因为你想看到的是活生生的一个人，能和观众有眼神接触和自由交流。

任何一场演讲的目的都是为了让观众理解、相信并按照你所说的去做。如果演讲者自己都无法记住内容，观众又怎么可能记得住呢？如果记不住要讲什么，人们就不可能相信你说的话，也不会按照你说的去做。

很多人害怕公众演讲，我相信这种恐惧多半源自忘词。很多人会说："我可能会大脑一片空白。"从这本书学到的

方法就可以解决这个问题，用了这些方法你就不会再出现
"大脑空白"的状况了。

我至今已经做了15年的职业演讲，从来不担心忘词。我
演讲时使用了很多记忆方法，要讲的内容一直存在脑海里。
我还可以清晰地记得那些笑话，幻灯片上的内容，研究结
果，别人提出的观点，以及准备的其他所有内容。我可以回
想起任何提问，并在演讲中给出明确的回复。当你真正记住
了内容，就有了自信，看起来对自己要讲的东西胸有成竹。
演讲力就是记忆力。

你可以使用各种记忆法来消除对忘词的恐惧，例如旅程
记忆法、身体记忆法、汽车记忆法、夹子记忆法、绘画或者
做思维导图。学会掌控要讲的内容，因为在演讲中，脱稿会
让你显得更加专业。当你使用这些记忆法来做演讲时，就好
像对着提示器在读。你并没有去逐字掌握信息，却清晰地记
得整个框架。

如果你的演讲无法打动观众，说明你自己并没有正确地
掌控内容。优秀的演讲者知道，观众更倾向于记住最开始和
最后的部分，因此他们会让开场白和结尾更有力度、更醒
目。他们会使用一个容易记住的真实例子、提问、事实、引

用或者一个有意义的故事，让演讲一开始就吸引观众的眼球；他们不断地让内容和观众之间建立联系，使信息更加凸显，并反复强调要点。你可以在大脑中用"FLOOR准则"设计演讲结构。在一篇演讲中，我们倾向于记住以下这几个部分：

F——开场白（first things）

L——结尾（last things）

O——亮点（outstanding information）

O——和我们自己的联系（own links）

R——重复内容（repeated information）

如果你采用FLOOR准则，就可以让观众记住更多的信息——同时能让你的演讲更加令人愉悦。

如果你的大脑里有一个清晰的框架，就比较容易打动观众，而你看上去也会更加自信，会成为一名富有感染力的演讲者。

3. 避免健忘

是东西丢了还是你丢了？

——佚名

你是否有过这样的经历：你坐在房间里，想着：晚餐我要做鸡肉，然后你走到厨房，又开始想：我这是要做什么？你甚至打开冰箱门，想从中找到答案；你停好车离开，回来时却找不到停放的位置；你不记得自己是否已经服用过维生素或者其他药物；你把车钥匙放下，需要的时候又找不到了，会不会感到很恼火？

如果出现过这些状况，说明你是正常的。是的，正常！这是常有的事，正因为我们对这些事情很熟悉，反而更容易忘记。我们所有的日常习惯有时会进入一种"自动驾驶"的状态，不知道自己到底在做什么。好消息是：在95%的时间里，我们并不会如此健忘，你依旧记得车钥匙放在哪里，仍然可以找回自己的车，也不会把自己的裤子放到冰箱里。然而我们会因为在5%的时间里犯的错而自责。如果你一直想着自己会忘事，就更容易忘记。**现在通过把事情做对来找回记忆力，你会看到明显的改善作用。**

据估计，我们每年会浪费多达40天的时间试图找回已经忘记的东西。我们每天要不停地处理来自手机、互联网、电台和电视的大量信息，所以注意力变得越来越分散。其实拥有了先进的科技和适合的记忆方法，我们应该变得更加平和才对，但事实上似乎比以前更加忙碌和焦虑了，因此我们会经常放错东西、忘记别人的名字，等等。

我们生活在"忙碌"的假象中，总是让大脑充满"忙碌"的感觉，难怪我们老是分神，但是找借口并不能解决任何问题。

解决办法是什么呢？当你把东西放下的时候（比如车钥匙），就需要把注意力放在当下，放在车钥匙上，可以反问自己："我下次什么时候用呢？"或者对自己说："我要把钥匙放在桌上。"还可以想象钥匙使桌子爆炸了，总之尝试各种不同的方法把自己的注意力拉回到正在做的事情上。当你拥有了责任心和察觉意识，生活中的大部分问题都可以得到解决。

在第3章中，我讲了关于保持专注的问题。当你开始做单个任务，而不是马上同时做100件事情的时候，你会更加专注。今天就开始行动！清除杂念，让自己变得更有条理，把想法写在纸上。布鲁斯·斯特林（Bruce Sterling）说："嘈杂是我们为懒惰发明的最性感的借口。"为自己创建一套记忆系统，用熟悉的位置来储存信息，这样可以节省大量的时间。

拜托请不要老盯着健忘这件事。我听到了你在抗议，觉得自己其实并没有那么在意。好吧，如果真是这样的话，你为什么还要把这些事情告诉别人呢？今天就决定，把自己带回到当下，把注意力放在此刻。

4.记住纸牌

如果没有一个好方法，普通人在运气不错的情况下，30分钟内也只能记住一半的牌，因为他们并不知道如何去记，所以无法确定自己到底知道多少。如果你学会了我即将教你的这个方法，几分钟后就可以记住洗过的牌。我用同样的方法可以在45秒内记住一整副牌，你如果练习一下，也可以达到这样的效果。

纸牌记忆对大脑有诸多好处。这是训练记忆力的好方法，也可以使你在21点和桥牌这些游戏中游刃有余。另一个好处是：这可以充分展示你的记忆力。

了解了这本书的内容后，你现在应该知道，想要更加有效地记住信息，你需要把它和你的生活建立关联。那如何将纸牌和自己的生活联系起来呢？首先，我们得把每张牌生成一幅图像，并有自己的专属身份，这样就可以把不同的牌区分开来，并放入长期记忆或者各类记忆法中相应的位置。你可以把每张牌和认识的人联系起来，或者把所有的方块当成名人，所有的红心当家人，黑桃当同事，梅花当朋友，这是一种有效的组织信息的方式。

除了我用的这个方法，你还需要知道第11章中提到的数字编码系统。纸牌和数字的记忆原理类似，不过在一副牌中，每组的第一个字母将从每张牌的名字开始，例如：在方块3中，方块（diamonds）的代码是D，3在代码系统中代表字母M的发音，所以方块3=DM，再添加一个没有意义的元音a，你就有了水坝（dam）这个词来代表方块3。所有的方块都会从D开始，红心（heart）从H开始，以此类推，然后把数字代表的字母放在单词最后。

以下是整副牌根据数字编码系统生成的单词：

方块（diamonds）

A——date（日期，A是ace缩写，代表第一，所以用数字1代替，而数字1在编码系统中代表T的发音）

2——dan（丹，人名，2代表N的发音）

3——dam（水坝，3代表M的发音）

4——door（门，4代表R的发音）

5——deal（交易，5代表L的发音）

6——dish（盘子，6代表J、Sh的发音）

7——duck（鸭子，7代表K、C的发音）

8——dove（鸽子，8代表F、V的发音）

9——deep（深，9代表B、P的发音）

10——dice（骰子，10可以当作0，0代表S、Z、C的发音）

J——diamond（方块，J代表这一组花色）

K——ding（叮当响，发音和king相似，都是ing结尾）

Q——dean（院长或者主任，与queen押韵）

红心（heart）

A——hat（帽子）

2——hen（母鸡）

3——ham（火腿）

4——hair（头发）

5——hail（冰雹）

6——hash（剁碎的食物，可以想象是薯饼hash brown）

7——hack（乱砍）

8——hoof（马蹄）

9——hoop（铁环）

10——house（房子）

J——heart（红心，J代表这一组花色）

K——hinge（铰链，发音和king相似，都是ing结尾）

Q——queen（想象你心目中的皇后，例如戴安娜王妃 Princess Diana）

黑桃（spades）

A——sit（坐）

2——sun（太阳）

3——Sam（山姆，人名，可以想象是美国的山姆大叔）

4——sir（先生）

5——seal（海豹）

6——sash（腰带）

7——sack（口袋）

8——safe（安全）

9——soap（肥皂）

10——seas（海）

J——spade（黑桃，J代表这一组花色）

K——sing（歌唱，发音和king相似，都是ing结尾）

Q——steam（蒸汽，与queen押韵）

梅花（clubs）

A——cat（猫）

2——can（罐头）

3——camo（伪装，camouflage的缩写）

4——car（汽车）

5——coal（煤）

6——cash（现金）

7——cake（蛋糕）

8——cafe（咖啡馆）

9——cap（帽子）

10——case（案例）

J——club（梅花，J代表这一组花色）

K——king（国王，都是ing结尾）

Q——cream（冰激凌，与queen押韵）

我们来做一个练习：想象一位国王（king）正在敲打门（door），然后进入了你的房子（house）。他在你的冰箱里找到了一些火腿（ham）和鸭子（duck）来吃。通过这个荒诞的故事，你记住了5张牌：梅花K、方块4、红桃10、红桃3和方块7。这个方法是不是很简单呢？

这张牌一旦变成了一幅图像，你就可以轻松记住。把纸牌自动转化为图像需要花点时间来练习，但随着时间的推移，这种能力会成为你的第二天性。

而要记住整副牌，你需要创建一段旅程，其中包括52个具体的场所，然后把每个人物放入其中，或者在所有的牌之间相互建立关联。这些方法并不是玩把戏，你只是运用了记忆的基本原理，并把自身的记忆潜能发挥到最大。

这是一个记忆健身操，你使用得越多，记忆力就提高得越多。纸牌是练习记忆的一种方式，我知道很多人并不想为此投入很多精力，但至少你现在知道了它们的工作原理，在众多解决记忆问题的方法中，纸牌记忆只是其中的一个例子而已。

5. 学习知识

除非之后可以回想起来，否则学习新知识毫无用处。提高记忆力就是提高学习能力。

　　　　——理查德·雷斯塔克（Richard Restak, M. D.）

　　没有记忆，就无法学习。你的记忆力提高得越多，就学得越好。在每堂课上都有某个理论需要记忆，你记住得越快，就可以有更多的时间去做练习。很多大一、大二的课程都需要记忆，如果有强大的记忆系统来储存信息，你想学什么都可以学好。

　　在提高学习成绩方面你应该考虑几个问题。首先，学习不仅仅是为了通过考试，即使考试成绩不错，但过了两周就忘了，这样的学习又有什么意义呢？学习并不是终点，而是一个持续的过程。

　　在我采访过的学生中，所有的优等生都准备充分，有良好的学习计划，他们很少在考前熬夜或倍感压力，因为刻苦的学习之前都已经完成了；而所有差生则会在考试的前一天晚上临时抱佛脚，强迫自己去复习所有的知识点，希望考试的时候都能记住。所以你需要事先把学习任务进行分解，逐步掌握所有知识点，而不是试图一次解决。

　　在开始学习任何内容之前，确保大脑里有强烈的PIC记忆法则——目的（Purpose）、兴趣（Interest）、好奇心（Curiosity）。如果想要了解这个准则的更多细节，请回顾第3章的内容。你的视野决定了自己的学习能量有多大、努力程度有多高。

学习间隙的休息也很重要，因为我们的大脑保持专注的时间是有限的，过了这个时间段就会变得效率低下和神经紧张。当你休息完回来，会感到神清气爽，可以在更少的时间内做更多的事情。每隔35～40分钟休息一次，可以去散步，远离正在学习的内容，让大脑休息一下。

经常回顾和分析学习的知识点，标出需要记住的部分。在任何科目中，相同的概念都会反复出现，可以把它们变成图像，并建立一个专门的"词汇表"，这样已经有的图像就不需要再花时间重新寻找。然后创建一个对每个部分都有效的记忆系统，用来储存学习内容。把知识点记录到你的记忆系统里，并检查几次，确保大脑里储存了所有信息。我有一位学生曾经用一个购物中心（旅程记忆法）记住了整个教学大纲。把这本书讲到的方法用起来，你就不会记不住了。

不管你需要学习什么内容，这些方法都可以使用，让信息牢牢地"粘住"。我曾经帮助过几千名中小学生和大学生，还帮助过医学生、法学生、飞行员、警察、护士、医药代表、矿工、鸟类学家、市场人员和工程师，任何专业领域都可以从中受益。这些方法并无限制，唯一的限制就是我们自己，我们总是会不停地抱怨、找借口或妄加评判。有些人会说："我没有创造力，我无法把信息变成图像。"当他们这么跟我说的时候，我听到的其实是："我太懒了，我不愿意为此付出努力。"如果你选择相信大脑是有限制的，那你的生活就会受到限制。

PART 3

持续运用

习惯始于一些随手的评论、一闪而过的主意和想象的画面。然后它们一层层叠加，通过练习，从蜘蛛网变成绳索，来束缚或者加强我们的生活。

——丹尼斯·威特利（Denis Waitley）

学会自律

我们都想要赢，但是多少人想要训练呢？

——马克·施皮茨（Mark Spitz，1972
年德国慕尼黑奥运会7枚金牌获得者）

从来没有不自律的世界冠军，我们获得的回报总是和付出的努力成正比。为了在某个领域获得成功，通常需要常年的训练来提高能力。人们总是说："那个人真有才华。"但是他们从未真正想过，对方花了多少时间在训练上。如果你想要学习并掌握这本书中的技巧，或者其他的任何事情，都需要自律。

自律不是自虐，而是提高标准，追求更多，变得更好。

很多人总以为好事会在生活中神奇般地出现。想想看，人们总是想要拥有一口健康美观的牙齿，但平时连使用牙线都做不到。牙线的价格很贵吗？需要花费很多时间吗？做起来很难吗？都不是。如果平时连清洁牙齿这类事情都做不到，又怎么能期待其他方面能够改善呢？

我曾经读过CNN（美国有线电视新闻网）上的一篇文章，其中提道："高达59%的青光眼患者通常不用眼药水，尽管他们知道患有青光眼如果不治疗很有可能会导致失明。"如果你患有青光眼却不去用眼药水，那么你就有可能会失明！为什么大家还是不去做呢？

人们不去做的理由是觉得就算不去刻意提升，将来也会比现在更好。

你想要的是什么？你每天都在做什么？如果你每天的行动不能让自己朝着想要的方向走，你永远不会得到自己想要的东西。这难道不是常识吗？

你做不到并不是因为目标遥不可及，而是缺乏自律去坚持。这里有四个要点可以让你的生活更加自律：

1. 创建个人愿景

你的内在愿景和能量密切相关。如果你每天醒来，光想着今天可能发生的所有糟糕的事情，你的能量就会不足；而如果你醒来的时候想象激动人心的各种可能性，并把注意力放在你要做的美好事情上，你的能量就会得到提升。你的注意力在哪里，能量就在哪里。

大卫·坎贝尔（David Campbell）说："自律就是记住你想要的东西。"你做某件事情的理由越充分，内心的渴望就越强烈，从而创造更多的能量去做。如果你的借口很多，理由很少，就不会自觉执行；相反，如果你理由充分，借口很少，则动力十足，而行动中产生的动力又会给你带来更大的干劲。可以经常问问自己：我对这件事情到底有多渴望？如果你极其渴望，就会在大脑里创建一个强烈的个人愿景，从而拥有自律去完成这件事情。

2.做决定

只有当你真的决定去改变，所有的改变才会真正发生，当你真正做出一个决定时，就不会允许其他可能性发生。给自己一个承诺：这就是我想要的生活方式。

想要让你生活中的某件事情发生，你得把它排进日程，决定把它变成日常生活中的一部分。

3.停止倾听自己的感觉

阿尔伯特·哈伯德（Elbert Hubbard）曾经说过："自律是一种能力，是不管我们是否喜欢，当我们应该做的时候就能够去做的能力。"当人们要开始一个必须完成的任务时，如果对自己说"我明天再做"之类的话，就会有一个怪圈靠近大脑，让你什么都没做却感到很开心，因为你知道反正明天会做。问题是"明天"这个怪圈会再次出现，暗示自己不用去行动。而如果觉得"我就是不喜欢这件事情"，另外一个怪圈又向你靠近了，因为你在自欺欺人，还真以为自己喜欢就会去做了。我们的感觉来自自己掌控的这些画面和声音。如果你想控制情绪，得先学会控制这些在脑海里出现的画面和声音。

有些人会说："我得倾听内心的声音，因为它引导着我的直觉。"当你想要穿过一条车流繁忙的马路、要做一个重大的决定，或者和一位长相奇特的男子同进一部电梯时，你可以倾听内心的直觉或者感觉。但是当你需要自律时，这种感觉只会给你挡道。如果你需要使用牙线，就不必咨询自己的直觉，直接去用就好；如果需要锻炼身体，也不必倾听自己的感觉，直接做就可以。威廉姆·詹姆斯（William James）说过："我们越是挣扎和辩论，就越容易考虑太多并拖延，从而越不可能做出行动。"

在一天中安排出一个时间段来训练自己的记忆力吧——不管你是否喜欢。

4.每天行动

如果你想养成一个习惯，唯一可行的办法就是每天都做。你需要回顾自己新学的一项技能，并不断更新。只有经过持续的练习，自律才能变成一项真正的技能。我读过的大部分研究资料都表明，养成一个新的习惯需要21天，但根据我自己的经验，这个时间远远不够。有些人认为21天到了，大脑就能够自动掌控这个新习惯，于是在经过21天的实践之后就放弃了，等待大脑自己来完成接下来的事情。自律需要你每天都做出决定，每天都有一个新的开始。练习自律这项技能不是为了未来，而是为了今天。

我认为懒惰不会得到生活的回报。如果你把胳膊绑上一个星期，主要肌肉的功能就会开始萎缩。大脑和身体的其他部位一样，也是血和肉构成的，所以使用你的大脑，它的功能就会增强，否则就会丧失。**你学会擅长做事情的唯一方法就是自律，记住生活只回报行动！**

温故知新

我们都知道这个假设是完全错误的：我们曾经学习和掌握过的一切内容都会永久地留在我们的大脑里。

——布鲁诺·弗斯特（Bruno Furst）

据估算，在离开学校两年后，普通人只能记得其中3周的课堂内容。

对照一下自己，你是否还记得学过的那些数学定理？这意味着12年的学习过后，你只记得其中3周的内容。普通人今天可以通过一个考试，但是如果4周之后再考肯定就过不了。期末考试真的就是最后的考试！

在施皮兹（Spitzer）的试验中发现，普通人如果没有采用记忆方法，学习教材后记住的概率为：

1天后：54%

7天后：35%

14天后：21%

21天后：19%

28天后：18%

以上数据说明，普通学生在度过28天的假期之后，只记得其中18%的学习内容，这就意味着老师只有18%的原有知识作为基础来教授新的知识。和学生一样，普通公司员工在培训结束28天之后，将会遗忘82%的信息。换个角度说，在培训结束28天之后，每一美元的培训费用就要损失82美分。所以如果不进行复习和回顾，任何培训都是在浪费时间！

与此相反，很多人在使用了记忆法后，觉得他们学过的知识永远都不会忘记。记忆法使学习的过程更加有趣和高效。这些方法可以使信息在我们大脑里留下深刻的印象，并且记忆过程和我们大脑的日常思考方式截然不同，所以我们不仅能记住，而且能一直记住。这种方法有助于快速储存中期记忆，但为了确保信息一直在大脑里，你还需要进行回顾和背诵。

回顾是为了让信息更加牢固地留在大脑中。对于我们来说能够起作用的就是记得住的那部分，这也是我们依赖记忆的地方。你的记忆力就好比银行，放进去越多，产生的利息就越多。回顾还可以帮助你建立更多的长期记忆。

如果我们不使用记忆方法，光靠重复和死记硬背，则毫无乐趣可言，这不仅耗费了大量的时间，还让人对学习产生厌倦心理。**记忆应该像游戏一样，是一件令人愉快的事情。**

使用了记忆法之后，回顾并不会花费很多时间，只需思考一下，确保图像的关联性更强，使我们可以在脑海里清晰地看见，然后利用这个图像来回顾需要记住的内容即可。

我发现在一个特定的时间内进行回顾，可以有效地提高记忆力。如果学10分钟就回顾一遍，它会在你的大脑里停留至少1个小时。第一次复习应该倒着来，这会帮助你更有效地记住内容。

如果你倒过来复习，就会在大脑里留下新的印象，让信息更加凸显，从而使记忆更加深刻。第一次复习之后，可以间隔更长的时间来回顾：**1个小时后复习一次，之后是分别在1天、3天、7天、14天、21天、28天、2个月、3个月之后再复习一次，然后这些内容就永远地储存在你的大脑里了。**在最开始的72个小时内记忆会更深刻，关联性也会更强。所以如果你使用一段路线或者旅程法来记忆，第一个72小时之后，就可以把新的信息再次放入同一段旅程中。不过如果你想要永久地储存信息，最好给它安排一条新的路线或别的记忆方法，并经常复习。

复习需要自律，但是它会让你大脑里的信息保持新鲜、活跃的状态，这样你就可以把更多的新内容关联到已有的信息上。你对已有信息关联的新内容越多，就越容易记住它。大脑是这个世界上唯一拥有这个特征的计算机：输入越多，储存就越多。

完美的学习方式是设置多个间断性时间，来获得多个开头和结尾，使这部分信息更加凸显，用记忆法在信息之间建立关联，然后经常复习，把信息储存在大脑里，并随时准备用来关联新信息。

不管你记了多少次，只要忘记了就得重新开始，你需要把复习时间拉长。如果你使用了信息，就等于强化了它的存在，进而记得就更牢固。

复习会让你对正在记忆的内容有更深入的思考，通过思考则会让你真正理解其中的含义。这条准则在记忆人名的时候尤为重要，我们只有不断复习这些名字才能记得住，而如果你经常使用，其实就是在复习，不用则马上会忘记。

你应该一直运用复习的力量，给你的学习盖上盖子，防止知识跑掉。

我们已经知道，提高记忆力的唯一方式就是去除所有的**障碍**。我们先去掉了一些思维上的障碍，例如，不给自己找借口，扔掉受限的信念，以及学会单任务操作。没有了障碍，我们会更**渴望**学到更多的知识。然后我们学习了**如何使用SEE准则**，通过发挥想象力来提高记忆力。我们还学习了各种记忆方法：故事关联法、艺术记忆法、身体记忆法、汽车记忆法、旅程记忆法、夹子记忆法、数字编码记忆法以及如何记住人名。这些方法的限制是你的想象力和自律程度。现在我们又知道了如何复习已有的信息。

记得温故而知新。

结束是开始的种子

如果你想收获美好的生活，请记得先播下美好的种子。

——丹尼斯·威特利（Denis Waitley）

你自己是所有记忆的源泉，**记忆是一种选择**！记忆力的提高并没有什么魔法，而看你如何管理自己的大脑。

记忆技巧是自我提升法宝里的一个重要工具。我已经给了你很多工具，但是请记住：我没有给你电池！你需要自己来提供能量，让这些工具发挥作用。使用你获得的这些信息可以让你的生活变得更美好。记忆力训练会让你对信息更加确定，而确定则会带来自信，进而让你察觉到自身杰出的能力。

布莱斯·马登（Brice Marden）说过："思维训练会

带来无限可能性，你可以受益终身，然而只有少数人可以做到不听天由命，努力把自己的思维引导到正确的轨道上。"

今天你有两个选择。第一个选择是：听天由命，做你原来一直做的事情，但是只能得到和过去相同的东西；或者你决定努力一把，选第二个：做一些不同的事情，让自己变得不一样。带上这些工具，让它们成为你的利器，刻苦练习，释放出你的记忆能量。

希望你记住值得记住的，忘记应该忘掉的。

——来自爱尔兰的祝福语

参考书目

1. Buzan,T.1995.*Use Your Memory*.London: BBC books.

2. Buzan,T.1995.*Use Your Head*.London: BBC books.

3. Buzan,T.2001.*Head First*.London:Thorsons.

4. Baddeley,A,Eysenck,M.W,Anderson,M.C.2009. *Memory*. USA:Psychology Press.

5. Covey,S.1989.*The Seven Habits of Highly Effective People: Powerful Lessons in Personal*

Change. Britain: Simon & Schuster Ltd.

6. Lorayne, H.1992.*Improve Exam Results In 30 days*. London:Thorsons.

7. Luria,A.R.1998.*The Mind of the Mnemonist*. London: Harvard University Press.

8. Maxwell,J.C.2004.*Today Matters: 12 Daily Practices to Guarantee Tomorrow' s Success*. USA: Time Warner Book Group.

9. Robbins,A.1992.*Awaken The Giant Within*. London. Simon & Schuster Ltd.

10. Worthen,J and Reed Hunt,R.2011.*Mnemonology: Mnemonics for the 21st Century*.USA: Psychology Press.

11. Medina,J.2008.*Brain Rules: 12 Principles for Surviving and Thriving at Work, Home, and School*.USA:Pear Press.

12. Lorayne,H.1957.*How To Develop A Superpower Memory*. New York: Frederick Fell.

13. Higbee,K.2001.*Your Memory : How It Works*

and How to Improve It. Da Capo Press; 2nd edition.

14. Price,I.2011.*The Activity Illusion*.Matador.

15. Katie,B.2008.*Loving What Is: How Four Questions Can Change Your Life*.Ebury Digital.

16. Hall,M.2013.*Movie Mind*.USA:L.Michael Hall.

17. Demartini,J.2008.*The Riches within: your seven secret treasures*.USA:Hay House,INC.

18. Gruneberg, M. 1987.*Linkword Language System—Italian*. UK: Corgi Books.

19. Furst, B. 1949.*Stop Forgetting*. USA: Greenberg.

20. Kandel,E.R.2007.*In Search of Memory: The Emergence of New Science of Mind*. USA: W. W. Norton & Company.

21. Drawings done by Jac Hamman.

22. Royalty—free images from *www.pixabay.com*. Graphics created by Michelle Revolta.

关于作者

在过去的25年中，凯文·霍斯利（Kevin Horsley）一直致力于大脑和记忆潜能方面的研究，是世界上少数拥有"世界记忆大师"头衔的人之一。

他是世界记忆力锦标赛的获奖者，两次"记忆巅峰测试"（The Everest of Memory Tests）的世界纪录保持者。同时，他是四本书的作者，一个时间表游戏的设计者，他和位于西北大学瓦尔校区的严肃游戏学院一起设计了乘法运算游戏。

此外，凯文还是一名国际职业演讲师，帮助多个组织提高了学习力、驱动力、创造力和思维方面的能力。

想要了解更多关于凯文的内容，可以访问链接获取更多信息：*www.supermemory.co.za*。